特种设备安全技术丛书

承压类特种设备安全与防控管理

裴渐强　冷文深　刘　涛
马　江　高元端　胡越峰　著

黄河水利出版社
·郑州·

内 容 提 要

本书从使用单位管理的角度出发,阐明了承压类特种设备安全管理中常用的各项管理制度、安全防控体系的基本要求、事故应急救援预案、40 余项使用管理与检查记录、典型事故与经验教训。本书共分6 章,主要内容包括承压类特种设备安全与防控管理基础、锅炉设备的安全与防控管理、压力容器的安全与防控管理、压力管道的安全与防控管理、承压类特种设备事故应急救援预案、承压类特种设备典型事故与经验教训。将各项管理制度内容、记录内容具体化,在国内尚属首次。书后附录为《特种设备使用管理规则》(TSG 08—2017),是各使用单位工作中经常用到的安全技术规范。

本书可作为承压类特种设备使用单位管理人员、作业人员学习培训教材或工作参考书,也可供承压类特种设备检验机构、监察机构工作人员学习参考。

图书在版编目(CIP)数据

承压类特种设备安全与防控管理/裴渐强等著.——
郑州:黄河水利出版社,2021.4 (2023.7 重印)
(特种设备安全技术丛书)
ISBN 978-7-5509-2982-1

Ⅰ.①承… Ⅱ.①裴… Ⅲ.①承压部件-设备安全-
安全管理 Ⅳ.①TB4

中国版本图书馆 CIP 数据核字(2021)第 083943 号

组稿编辑:王路平 电话:0371-66022212 E-mail:hhslwlp@ 126.com

出 版 社:黄河水利出版社 网址:www.yrcp.com
地址:河南省郑州市顺河路黄委会综合楼 14 层 邮政编码:450003
发行单位:黄河水利出版社
发行部电话:0371-66026940、66020550、66028024、66022620(传真)
E-mail:hhslcbs@ 126.com
承印单位:河南新华印刷集团有限公司
开本:787 mm×1 092 mm 1/16
印张:9.75
字数:230 千字
版次:2021 年 4 月第 1 版 印次:2023 年 7 月第 2 次印刷

定价:80.00 元

前　言

　　承压类特种设备是承受内部压力、具有爆炸危险的特殊设备,种类繁多,如工业锅炉、电站锅炉、贮运容器、反应容器、换热容器、分离容器、长输管道、工业管道等,介质多种多样,如易燃、易爆、有毒、有害、高温、高压、深冷等,其安全性显得尤为重要。为保证承压类特种设备的安全运行,国家相继颁布了《中华人民共和国特种设备安全法》《特种设备安全监察条例》《特种设备使用管理规则》《锅炉安全技术规程》《固定式压力容器安全技术监察规程》《压力管道安全技术监察规程——工业管道》等法律、法规,并从设计、制造、安装、使用、修理、改造、检验检测等七个环节,实施安全监察,以保障人民生命及国家、集体财产安全,促进国民经济健康发展。

　　特种设备安全技术法规只有落实到特种设备的使用单位才真正实现了法律法规颁发的初衷,达到其预期目的。为解决特种设备法律法规在使用单位落实中出现的梗阻问题,达到其服务社会经济发展、促进承压类特种设备安全管理的目的,我们特编著了《承压类特种设备安全与防控管理》一书,从管理制度、防控体系的建立、实施到各项记录、见证,从承压类特种设备事故应急救援预案的编制要求到典型承压类特种设备事故应急救援预案、应急救援预案演练与管理,我们给出了具体的内容、要求,在国内尚属首次,以期起到抛砖引玉的作用,与各使用单位的管理人员共同探讨、研究,找出承压类特种设备安全与防控管理的各种有效措施,不断提高国内承压类特种设备的安全与防控管理水平,更好地服务于国家的安全生产工作。

　　本书是河南省基本科研经费资助项目。

　　本书由教授级高级工程师裴渐强筹划。全书共有 6 章内容,第 1 章由冷文深、裴渐强同志撰写,第 2 章由刘涛、胡越峰同志撰写,第 3 章由裴逸超、刘涛同志撰写,第 4 章由马江、冷文深同志撰写,第 5 章由高元端、裴渐强撰写,第 6 章由胡越峰、裴逸超撰写。全书由裴渐强同志统稿。

　　作者在此对给本书提出指导意见的佟桁正高级工程师、姜建华高级工程师,以及其他为本书出版做出辛勤工作的编校人员、印刷人员表示衷心的感谢!

　　由于作者水平有限,书中难免会出现疏漏与不足之处,敬请广大读者提出宝贵意见。

作　者

2020 年 12 月

目　录

第 1 章　承压类特种设备安全与防控管理基础

承压类特种设备主要包括锅炉、压力容器(包含气瓶、氧舱)、压力管道,其特点是设备内部承受一定压力,具有爆炸危险,一旦发生事故易造成群死群伤。因此,做好承压类特种设备的安全与防控管理工作,避免承压类特种设备发生重特大安全事故,既具有极大的经济意义,也具有极大的社会意义。

本章主要介绍承压类特种设备使用单位的综合性安全管理制度、承压类特种设备使用单位安全防控体系的建立与实施、安全管理记录等。

1.1　承压类特种设备使用单位的综合性安全管理制度

1.1.1　特种设备使用登记管理制度

特种设备使用登记管理是特种设备安全管理的重要一环,为保证特种设备的安全使用,特做出如下规定:

(1)使用单位应根据《中华人民共和国特种设备安全法》《特种设备使用管理规则》的要求办理特种设备使用登记工作。

(2)使用单位特种设备安全管理部门应当在特种设备投入使用前或使用后 30 日内,到使用单位所在地的特种设备使用登记机关办理使用登记。

(3)锅炉、压力容器按台办理使用登记,气瓶、工业管道以使用单位为对象办理使用登记。

(4)办理使用登记时,按台登记的特种设备应逐台填写《使用登记表》,并提交以下资料:

①《使用登记表》(一式两份);

②使用单位统一社会信用代码证明或个人身份证明;

③产品质量合格证(含产品数据表、车用气瓶安装合格证);

④监督检验证明(包括制造、安装);

⑤机动车行驶证(适用于移动式压力容器)、机动车登记证书(适用于车用气瓶);

⑥锅炉能效证明文件。

(5)按单位办理使用登记的特种设备应提交以下资料:

①《使用登记表》(一式两份);

②使用单位统一社会信用代码证明;

③监督检验、定期检验证明;

④《压力管道基本信息汇总表——工业管道》《气瓶基本信息汇总表》。

（6）登记资料经审查合格后，20个工作日内到特种设备使用登记机关领取使用登记证。

（7）按单位登记的特种设备，使用单位每年第一季度应向特种设备使用登记机关报告数据变更情况。

（8）登记变更：按台登记的特种设备改造、移装、变更使用单位或使用单位更名、达到设计使用年限需继续使用的，按单位登记的特种设备变更使用单位或使用单位更名的，使用单位应到当地特种设备使用登记机关办理变更登记。

（9）停用：特种设备拟停用1年以上的，使用单位应当采取有效的保护措施，并且设置停用标志，在停用后30日内填写《特种设备停用报废注销登记表》告知登记机关；重新启用时，使用单位应当进行自行检查，到使用登记机关办理启用手续；超过定期检验有效期的，应当按照定期检验有关要求进行定期检验。

（10）报废：对于存在严重事故隐患，无改造、修理价值的特种设备，应当及时予以报废，使用单位应当采取必要措施消除该特种设备的使用功能。特种设备报废时，使用单位应向登记机关办理报废手续，并将使用登记证交回登记机关。

1.1.2 特种设备定期检验管理制度

使用单位应当按照特种设备安全技术规范的要求，做好特种设备定期检验的管理工作，保证特种设备处于完好状态，主要应做好以下几方面工作：

（1）使用单位应当在特种设备定期检验有效期届满1个月前，向特种设备检验机构提出定期检验申请，并且做好检验前的准备工作，包括资料准备和现场准备。

（2）移动式特种设备，如果无法返回使用登记地进行定期检验，可以在异地进行，检验后使用单位应当在收到检验报告30日内将检验报告（复印件）报送使用登记机关。

（3）定期检验过程中，人员进入锅炉、容器之前，应做好通风、置换、清洗、检测工作，以防止人员中毒、窒息等现象的发生。

（4）定期检验完成后，使用单位应当组织进行特种设备管路连接、密封、附件（含零部件、安全附件、安全保护装置、仪器仪表等）和内件安装、试运行、防腐等工作，并对其安全性负责。

（5）检验结论为合格时，使用单位应当按照检验结论确定的参数使用特种设备；检验结论为基本合格时，使用单位对于定期检验报告中提出的问题应当及时进行整改，并报送检验机构；检验结论为不合格时，使用单位应当按照检验单位所提问题进行逐项整改，整改完成后向检验单位申请进行二次检验。

1.1.3 安全教育培训制度

安全教育培训制度是特种设备安全的基本制度之一，对于提高各类工作人员的安全意识、安全行为有着重要的作用，其主要内容如下：

（1）使用单位特种设备安全管理部门年初应制订单位全年安全教育培训计划，按照时间节点逐步实施。

（2）培训的主要内容有：国家特种设备安全方面的法律、法规（见表1-1），单位安全生产规章制度，安全技术、职业卫生知识，事故应急预案及事故案例等。

表 1-1 特种设备常用安全法规一览表

序号	法规标准编号	名称	备注
1	中华人民共和国主席令（第四号）	中华人民共和国特种设备安全法	2014 年 1 月 1 日实施
2	国务院令第 373 号、国务院令第 549 号	特种设备安全监察条例	2003 年 6 月 1 日施行，2009 年修订
3	TSG 08—2017	特种设备使用管理规则	
4	TSG 11—2020	锅炉安全技术规程	
5	TSG 21—2016	固定式压力容器安全技术监察规程	
6	TSG 23—2021	气瓶安全技术规程	
7	TSG D0001—2009	压力管道安全技术监察规程——工业管道	
8	GB 2894—2008	安全标志及其使用导则	
9	GB 2893—2008	安全色	
10		各级地方政府部门发布的安全指令	

（3）组织职工学习国家、省、市新颁布的特种设备安全技术法规及安全生产文件。

（4）单位安全管理人员、作业人员、新进从业人员、外来人员等均应参加安全培训。

（5）单位安全负责人应定期对各类人员进行培训授课。

（6）每次培训完成后应进行考核，并将考核结果存入个人档案。

（7）《特种设备作业人员考核规则》（TSG Z6001—2019）中要求持证上岗的作业项目见表 1-2，其作业人员必须持证上岗。

表 1-2 特种设备作业人员资格认定分类与项目

序号	种类	作业项目	项目代号
1	特种设备安全管理	特种设备安全管理	A
2	锅炉作业	工业锅炉司炉	G1
		电站锅炉司炉（注 1）	G2
		锅炉水处理	G3
3	压力容器作业	快开门式压力容器操作	R1
		移动式压力容器充装	R2
		氧舱维护保养	R3
4	气瓶作业	气瓶充装	P

注：资格认定范围为 300 MW 以下（不含 300 MW）的电站锅炉司炉人员，300 MW 以上电站锅炉司炉人员由使用单位按照电力行业规范自行进行技能培训。

1.1.4 特种设备采购、安装、改造、修理等管理制度

特种设备采购、安装、改造、修理、移装、报废等是特种设备安全管理的重要环节,为此特制定如下制度:

(1)使用单位应采购具有特种设备生产资质单位制造的特种设备,其产品质量应符合国家安全技术法规及相关标准的要求。

(2)使用单位采购二手设备时,设备外观应良好且在检验报告的有效期内,技术资料必须齐全,如制造单位生产许可证、设计图纸、设计计算书、产品质量证明书、监督检验证书、使用登记证变更证明等。

(3)使用单位应组织有关人员对具备安装、改造、修理资质的单位进行考查,对满足本单位要求安装、改造、修理单位予以确认,列入合格施工单位名录。

(4)根据使用单位特种设备安装(包括移装)、改造、修理的工作量、工期、质量标准等要求,与相应施工单位拟定施工合同,施工合同经相关人员评审合格后,签订正式施工合同。

(5)施工单位进入现场前,使用单位安全管理人员应对施工人员进行安全培训,并做出培训记录。

(6)施工过程中的重要技术环节,如施工方案、焊工和无损检测人员资格、重要零部件及附件采购、水压试验、试运行前安全检查等应经使用单位安全管理人员确认。

(7)施工完成后,施工单位应将特种设备安装、维修(改造)施工告知书、施工质量证明、重要零部件及材料的合格证、监督检验证书、特种设备使用登记变更证明等资料移交给使用单位安全管理部门。

(8)不具有修理价值的特种设备,经使用单位负责人批准后予以报废,使用单位应消除其使用功能,并到特种设备登记机关予以注销。

1.1.5 特种设备事故报告和处理制度

为了规范特种设备事故报告和调查处理工作,及时准确查清事故原因,防止和减少同类事故的重复发生,根据《中华人民共和国特种设备安全法》《特种设备事故报告和调查处理规定》,特制定本制度。

(1)发生特种设备事故后,事故现场有关人员应当立即向单位安全管理部门及单位负责人报告;事故发生单位的负责人接到报告后,应当于1 h内向事故发生地的县级以上市场监督管理部门的特种设备安全监督管理部门和有关部门报告。

情况紧急时,事故现场有关人员可以直接向事故发生地的县级以上市场监督管理部门的特种设备安全监督管理部门报告。

(2)事故报告应当包括以下内容:

①事故发生的时间、地点、单位概况以及特种设备种类;

②事故的初步情况,包括事故简要经过、现场破坏情况、已经造成或者可能造成的伤亡和涉险人数、初步估计的直接经济损失、初步确定的事故等级、初步判断的事故原因等;

③已经采取的措施;

④报告人姓名、联系电话;

⑤其他有必要报告的情况。

(3)单位的负责人接到事故报告后,应当立即启动事故应急预案,采取有效措施,组织抢救,防止事故扩大,减少人员伤亡和财产损失。

(4)特种设备发生事故后,使用单位及其人员应当妥善保护事故现场以及相关证据,及时收集、整理有关资料,为事故调查做好准备;必要时应当对设备、场地、资料等进行封存,由专人看管。

事故调查期间,任何单位和个人不得擅自移动事故相关设备,不得毁灭相关资料、伪造或者故意破坏事故现场。

(5)特种设备事故由市场监督管理部门组织调查组进行调查,使用单位应做好事故调查的配合工作。

(6)事故调查组有权向使用单位和个人了解与事故有关的情况,并要求其提供相关文件、资料,单位和个人不得拒绝,并应当如实提供特种设备及事故相关的情况或者资料,回答事故调查组的询问,对所提供情况的真实性负责。

事故发生单位的负责人和有关人员在事故调查期间不得擅离职守,应当随时接受事故调查组的询问,如实提供有关情况或者资料。

(7)使用单位接到事故调查报告后,应根据事故调查报告的要求,对事故责任人员进行处理;根据事故调查报告中的事故原因及预防措施,结合单位管理的实际需要,研究制订有针对性的改进措施,以防止和减少事故的发生。

1.1.6 安全技术档案管理制度

特种设备使用单位应按照《特种设备使用管理规则》的规定,建立特种设备安全技术档案。安全技术档案管理制度是做好特种设备管理工作的一项重要制度,主要有以下几方面要求:

(1)使用单位应当逐台或逐批(根据设备注册时按台或按批的要求)建立特种设备台账和安全技术档案;台账应按照类别或区域设立,一般应包括序号、型号、制造日期、生产单位、安装单位、安装位置、安全状况等内容。

(2)安全技术档案至少应包括以下内容:

①使用登记证;

②《特种设备使用登记表》;

③特种设备设计、制造技术资料,包括设计文件、产品质量合格证明(含合格证、数据表、质量证明书)、安装及使用维护保养说明、监督检验证书、型式试验证书等;

④特种设备安装改造修理方案、图样、材料质量证明书,施工质量证明文件,安装、修理、改造监督检验报告,验收报告等质量记录;

⑤特种设备定期自行检查记录、定期检验报告;

⑥特种设备日常运行记录;

⑦特种设备及附属仪器仪表维护保养记录;

⑧特种设备安全附件和安全保护装置的校验、检修、更换记录及有关报告;

⑨特种设备运行故障和事故记录、事故调查及处理报告等。

(3)建立特种设备安全技术档案室,设置档案管理人员。查阅安全技术档案时应进行登记;安全技术档案离开档案室时,借阅人员应填写借阅申请表,经特种设备安全管理部门负责人批准后,方可借阅。

(4)特种设备安全技术档案的保存时间应与特种设备的使用期限一致。

1.1.7　特种设备隐患排查治理制度

使用单位应当定期对在用特种设备进行检查,若发现事故隐患应当及时消除,以保证特种设备的安全使用,并应做好以下几方面的工作:

(1)特种设备在使用中发现异常情况时,作业人员(包括操作人员、维护保养人员)应当立即采取应急措施,并按照规定程序向使用单位特种设备安全管理部门和车间(或分厂、工段)负责人报告。

(2)特种设备在检查中发现异常情况时,检查人员应当立即采取应急措施,并按照规定程序向使用单位特种设备安全管理部门和车间(或分厂、工段)负责人报告。

(3)使用单位应当对出现故障或者发生异常情况的特种设备及时进行全面检查,查明故障和异常情况原因,并及时采取有效措施,必要时停止运行,安排检验检测、修理、维护保养。

(4)特种设备不得带"病"运行,作业人员不得冒险作业,对出现故障或者发生异常情况的特种设备应待故障、异常情况消除后,方可继续使用。

1.1.8　特种设备应急救援管理制度

为避免特种设备事故的发生和扩大,减少人员伤亡和财产损失,本着"预防为主、自救为主"的原则,特制定本制度:

(1)事故应急救援是指对威胁职工生命或造成公司财产损失的紧急情况时所采取的一系列抢险救援工作。

(2)使用单位应建立事故应急救援领导小组,单位负责人为组长,单位安全负责人为副组长,各位副总及部门负责人为成员;明确事故应急救援中各部门职责,如保卫部门负责警戒,医疗部门负责伤员救助,安全管理部门负责事故原因分析、制订处置方案,应急救援人员负责现场处置等。

(3)单位发生特种设备事故或人员伤亡时,知情人必须以最快的速度通过电话或其他通信方式,将事故情况报告车间(或分厂、工段)领导及单位安全管理部门;车间(或分厂、工段)领导或单位安全管理部门接到报告后应立即报告单位负责人及安全负责人。

(4)事故应急救援领导小组和各有关部门在接到事故报告后,应迅速赶赴现场,根据单位应急救援预案开展救援工作,不论采取何种措施进行紧急救援,均应首先采用减少人员伤亡、减轻伤员痛苦的各类措施,同时采取有效措施避免事故扩大或造成二次伤害。

(5)在应急救援过程中,应急救援人员必须听从应急救援领导小组的指挥,各负其责地进行救援工作,并注意自我保护,正确佩戴防护用品和使用防护器具,避免造成自身伤害。

（6）事故应急救援领导小组应根据事故的严重程度,向特种设备安全监督管理部门、应急救援中心报告,并通知附近生产经营单位和公益单位协助救援。

（7）事故应急救援结束后,事故应急救援领导小组应总结经验,进一步完善救援预案,不断提高应急救援效能,以期减轻事故造成的人员伤害,减少事故造成的财产损失。

1.1.9　特种设备维护保养制度

为保证特种设备的安全运行,保护职工生命及公司财产安全,特制定如下维护保养制度:

（1）使用单位应当根据特种设备的特点和使用状况对设备进行经常性维护保养。

（2）维护保养的实施应符合有关安全技术规范和产品使用维护保养说明的要求。

（3）对维修保养过程中发现的异常情况应及时处理,保证在用特种设备始终处于完好状态。

（4）维修保养包括但不限于以下内容:阀门、安全附件、仪器仪表的维护,运转机械的保养,设备及管道的油漆,控制装置的维护、设备内件的维修等。

（5）维修保养完成后应做好记录。

1.1.10　临时用电管理制度

特种设备在安装、改造、修理等过程中常常出现临时用电的情况,为保证上述工作安全有序进行,特制定如下临时用电安全管理制度:

（1）凡属于临时性用电,用电单位应向动力部（办）或电管所办理申请手续,经批准同意并装设计量表计后方可用电。临时性用电还应装设漏电保护、短路和过载保护,在雷电频繁地区还应加装浪涌保护。

（2）对临时性用电的管理应纳入具体责任人（电工）的工作考核;责任人（电工）应加强对其巡视和检查。

（3）临时性用电客户的线路应符合安全用电的规定,并可靠固定;移动电气设备的金属外壳应可靠接地,电源线应用完好的绝缘电线,不允许使用破损的电线和不合格的电气设备。

（4）临时性结束后,用电单位应拆除临时用电装置,不允许将临时用电直接转为正式用电。

（5）临时性用电客户接电必须由单位专业电工进行。用电负荷不得超过导线的允许载荷,发现导线过热时,必须立即停止用电,并报告动力部（办）或电管所检查处理。

（6）临时性用电客户使用电热器具,应与易燃易爆物体保持安全距离;无自动控制的电热器具,人离开时应断掉电源。

（7）临时性用电客户发生电气火灾时,要先断开电源再灭火,严禁用水熄灭电气火灾。

（8）临时性用电客户发生事故后必须保护事故现场,配合做好对用电事故的调查和处理工作。

1.1.11　超过设计使用年限的特种设备管理制度

特种设备达到设计使用年限,使用单位认为可以继续使用的,应当按照特种设备安全技术规范及相关产品标准的要求进行检验或安全评估,经检验或安全评估合格的,由使用单位安全负责人同意,主要负责人批准,到当地特种设备监督管理部门办理使用登记变更后,方可继续使用。

允许继续使用的,应当采取加强检验、检测和维护保养等措施,确保特种设备的使用安全。

1.1.12 安全标志使用管理制度

使用单位安全标志的管理应执行《安全标志及其使用导则》(GB 2894—2008)。安全标志牌的使用应符合以下要求:

(1)标志牌应设在与安全有关的醒目地方,并使大家看见后有足够的时间来注意它所表示的内容。环境信息标志宜设在有关场所的入口处和醒目处;局部信息标志应设在所涉及的相应危险地点或设备(部件)附近的醒目处。

(2)标志牌不应设在门、窗、架等可移动的物体上,以免标志牌随母体物体移动,影响认读;标志牌前不得放置妨碍认读的障碍物。

(3)标志牌的平面与视线夹角应接近90°,观察者位于最大观察距离时,最小夹角不低于75°。

(4)标志牌应设置在明亮的环境中。多个标志牌在一起设置时,应按禁止、警告、指令、提示类型的顺序先左后右、先上后下地排列。

(5)标志牌的固定方式分附着式、悬挂式和柱式三种。附着式和悬挂式的固定应稳固不倾斜,柱式的标志牌和支架应牢固地连接在一起。

(6)安全标志分禁止标志、警告标志、指令标志和提示标志四大类型,其代表含义如下:

①禁止标志:禁止人们不安全行为的图形标志。

②警告标志:提醒人们对周围环境引起注意,以避免可能发生危险的图形标志。

③指令标志:强制人们必须做出某种动作或采用防范措施的图形标志。

④提示标志:向人们提供某种信息(如标明安全设施或场所等)的图形标志。

(7)安全标志颜色的规定:红色传递禁止、停止、危险或提示消防设备、设施的信息;蓝色传递必须遵守规定的指令性信息;黄色传递注意、警告的信息;绿色传递安全的提示性信息。

1.1.13 应急预案管理制度

应急预案应根据使用单位所拥有的特种设备种类进行制订,应全面覆盖,不得出现缺项、漏项。当特种设备出现异常情况时,应按照有关规定启动应急预案,以防止事故发生或减少事故损失,为此特提出如下要求:

(1)针对各类特种设备可能发生的事故应制订专项应急预案和现场应急处置方案,并明确事前、事中、事后的各个过程中相关部门和有关人员的职责。

(2)应急预案内容一般包括:完善的应急组织管理指挥体系,强有力的应急救援保障体系,综合协调、应对自如的相互支持体系,充分准备的保障供应体系,进行综合救援的应急队伍体系等。

(3)应急预案应发放至单位领导、机关科室、生产车间、生产班组等所有相关部门。

（4）应急处置方案应当分类编写，包括设备的危险性分析、可能发生的事故特征、应急处置程序、应急处置要点和注意事项等内容。

（5）根据特种设备异常情况的危险程度、危害范围等确定不同级别的应急响应预案，如工段响应、车间响应、全单位响应等。

（6）设有特种设备安全管理机构和专职安全管理员的使用单位，应当根据单位制订特种设备事故应急专项预案要求，至少每年进行一次演练，并做好记录；其他使用单位可以在综合应急预案中编制特种设备事故应急的内容，适时开展特种设备事故应急演练，并且做好记录。

1.1.14　安全附件及连锁保护装置管理制度

为了规范使用单位特种设备安全附件及连锁保护装置的管理，保证安全附件及连锁保护装置工作的可靠性，确保特种设备作业人员和设备的安全，特制定本制度。

（1）承压类特种设备安全附件及连锁保护装置包括安全阀、压力表、液位计、温度计、爆破片、紧急切断阀、防爆门、阻火器、排污阀（或放水装置）、超温报警及连锁保护装置、高低水位报警及低水位连锁保护装置、锅炉熄火保护装置、锅炉自动控制装置等。

（2）购买安全阀、爆破片、紧急切断阀时，应注意制造单位必须具有相应的制造许可证，否则不得使用。

（3）安全附件及连锁保护装置的检查、修理、维护保养由使用该特种设备的车间（或分厂、工段）负责；检查、修理、维护保养工作完成后，作业人员应做好相应记录。

（4）单位特种设备安全管理部门负责安全附件及连锁保护装置的检定及校准工作，以及对安全附件及连锁保护装置运行状态的监督检查，并注意做好相应记录。

（5）安全附件及连锁保护装置不准随意拆除、挪用或弃置不用，因检修拆除的，检修完毕必须立即复原。

（6）安全附件及连锁保护装置的相关技术资料应存入特种设备安全技术档案。

1.1.15　定期自行检查制度

为保证特种设备的安全使用，特制定定期自行检查制度，望各单位遵照执行。

（1）特种设备安全管理部门应当根据公司所使用特种设备的类别、品种、特性及相应的安全技术规范等制定定期自行检查项目，各车间（或分厂、工段）根据相关要求开展定期自行检查工作。

（2）定期自行检查一般由设备操作人员进行，检查完成后做好相应记录。

（3）检查中发现异常情况时，应立即向设备主管的安全管理人员及车间（或分厂、工段）负责人报告，同时采取相应处置措施。

（4）特种设备不允许带"病"运行，发现问题应及时处理，否则，应停止该设备运行。

（5）特种设备自行检查完成后应做好记录。

1.1.16　安全主体责任制度

为保证特种设备安全主体责任的落实，特设立本制度。

（1）公司对特种设备安全管理的基本要求是：安全第一，预防为主，综合管理，杜绝重特大事故。

（2）公司坚持以人为本、安全发展，建立健全各生产经营部门的安全责任机制，落实具体安全责任。

（3）公司严格遵守国家有关特种设备的法律、法规，健全各项规章制度，不断改善生产条件，持续推进特种设备管理标准化。

（4）公司设立特种设备安全管理科（部），综合管理全公司特种设备安全管理事项。

（5）法人代表为公司安全生产第一责任人。

1.2　承压类特种设备使用单位安全防控体系的建立与实施

1.2.1　承压类特种设备使用单位安全防控体系建立的基本要求

承压类特种设备使用单位安全防控体系建立的基本要求主要包括以下几个方面：

（1）使用单位应设置特种设备安全负责人，建立特种设备安全管理机构，配备相应的安全管理人员，建立特种设备操作人员、修理人员、维修保养人员管理台账，开展特种设备安全技术培训，保存人员培训记录。

（2）使用单位建立并实施承压类特种设备安全管理制度，以及特种设备安全操作规程。

（3）使用单位采购、使用的特种设备，其制造单位应取得生产许可证并且经检验合格，不得采购超过设计使用年限的特种设备，禁止使用国家明令淘汰和已报废的特种设备。

（4）使用单位应及时办理特种设备使用登记，领取特种设备使用登记证，设备注销时交回使用登记证。

（5）使用单位应建立特种设备台账及安全技术档案。

（6）使用单位应对特种设备作业人员、修理人员、维修保养人员等作业情况进行检查，及时发现、纠正违章作业行为。

（7）使用单位应对在用特种设备进行经常性维护、保养和定期性检查，及时排查和消除事故隐患；对在用特种设备的安全附件、安全保护装置及其附属仪器仪表进行定期校验检修，及时提出定期检验申请，接受定期检验，并做好相关配合工作。

（8）使用单位应制订承压类特种设备事故应急救援预案，定期进行应急演练；发生事故时应及时上报当地特种设备安全监督管理部门，配合相关部门进行事故调查处理等。

（9）使用单位应保证对特种设备安全的必要投入，接受特种设备监督管理部门的监督检查，以及其他法律、法规规定的义务。

1.2.2　使用单位各类人员职责

1.2.2.1　使用单位主要负责人

主要负责人是特种设备使用单位的实际最高管理者，一般指董事长或总经理。其主要职责如下：

（1）宣传贯彻国家、省、市、县（区）各级政府发布的特种设备安全法律、法规、规定，建立健全本单位安全管理制度、安全管理机构,对单位所使用的特种设备安全负总责。

（2）定期深入特种设备使用现场进行安全检查。

（3）定期召开特种设备安全管理总结会。

（4）划拨特种设备安全专项经费,包括设备更新、改造、修理、维护、检验费用,也包括安全管理人员、作业人员培训费用及特种设备的保险费用等。

（5）组织开展特种设备事故应急预案的演练。

1.2.2.2　使用单位安全管理负责人

安全管理负责人是指使用单位最高管理层中主管本单位特种设备使用安全管理的人员,一般应具有工程师或相当工程师职称(大型企业应具有高级工程师或相当高级工程师职称),并取得相应的特种设备安全管理人员资格证书,其主要职责如下:

（1）协助主要负责人履行本单位特种设备安全的领导职责,确保本单位特种设备安全使用。

（2）宣传、贯彻《中华人民共和国特种设备安全法》《特种设备安全条例》以及有关法律、法规、规章和安全技术规范。

（3）组织制定本单位特种设备安全管理制度,落实特种设备安全管理机构的设置、安全管理人员的配备。

（4）组织制订本单位特种设备应急专项预案,并定期进行演练。

（5）每季度对本单位特种设备安全管理工作实施情况进行检查。

（6）组织相关部门进行隐患排查,并提出处理意见。

（7）当安全管理员报告特种设备存在事故隐患应当停止使用时,立即做出停止使用特种设备的决定,并且及时报告本单位主要负责人。

1.2.2.3　使用单位特种设备安全管理员

特种设备安全管理员是具体负责特种设备使用安全管理的人员,每个人都有具体负责的设备。一般应具有工程师或助理工程师职称,并取得相应的特种设备安全管理人员资格证书,其主要职责如下:

（1）组织建立特种设备安全技术档案。

（2）办理特种设备使用登记。

（3）组织制定特种设备安全操作规程。

（4）组织开展特种设备安全教育和技能培训。

（5）组织开展特种设备定期自行检查。

（6）编制特种设备定期检验计划,督促落实定期检验和隐患治理工作。

（7）按照规定报告特种设备事故,参加特种设备事故救援,协助进行事故调查和善后处理。

（8）发现特种设备存在事故隐患时,应立即进行处理;情况紧急时可以决定停止使用特种设备,并且及时报告本单位安全管理负责人。

（9）纠正和制止特种设备作业人员及其他人员的违规行为。

1.2.2.4　使用单位特种设备作业人员

特种设备作业人员包括锅炉司炉、锅炉水处理、快开门式压力容器操作、移动式压力容器充装、气瓶充装、氧舱维护保养、安全阀校验、金属焊接操作、非金属焊接操作等,一般应当取得相应的特种设备作业人员资格证书,其主要职责如下:

(1)严格执行特种设备有关安全管理制度,按照安全操作规程要求进行特种设备的操作、修理、维护保养等工作。

(2)按照安全管理制度的有关规定认真填写操作记录、交接班记录、修理记录、维修保养记录等。

(3)积极参加安全教育和技能培训,学习特种设备安装使用维修保养说明书、特种设备安全法规等。

(4)按照维修保养计划对管辖的特种设备进行维修保养和故障检修工作,并做好相应记录。

(5)作业过程中发现事故隐患或其他不安全因素时,应立即采取紧急措施,并按照规定的程序向单位特种设备安全管理部门和车间(或分厂、工段)有关负责人报告。

(6)对特种设备定期进行检查、测试,若发现问题及时处理,做到“防患于未然”。

(7)定期参加单位的应急演练,掌握相应的应急处置技能。

1.2.2.5　使用单位车间主任(分厂厂长或工段长)

车间主任(分厂厂长或工段长)是本车间(分厂或工段)特种设备安全的第一责任人,其主要职责如下:

(1)履行本部门特种设备安全的领导职责,确保本部门特种设备安全使用。

(2)组织制定本部门特种设备安全管理制度,落实本部门特种设备安全管理机构的设置、安全管理人员的配备。

(3)组织进行特种设备作业人员的安全培训,并按照相关要求做到持证上岗。

(4)每月对本单位特种设备安全管理工作实施情况进行检查。

(5)定期组织相关人员进行隐患排查,并提出处理意见。

(6)当安全管理员或作业人员报告特种设备存在事故隐患应当停止使用时,立即做出停止使用特种设备的决定,并及时报告单位主要负责人。

(7)管理车间(分厂或工段)5%的重要特种设备,且不少于1台。

1.2.3　使用单位安全管理机构的设置

符合下列条件之一的特种设备使用单位,应当根据本单位特种设备的类别、品种、用途、数量等情况设置特种设备安全管理机构,逐台落实安全责任人:

(1)使用电站锅炉或石化与化工成套装置的。

(2)使用特种设备(不含气瓶)总量50台(条)以上的。

不满足上述条件的使用单位,可不单独设立特种设备安全管理机构,也可将特种设备安全管理职能交给其他管理机构,但应当逐台落实安全责任人。

1.2.4　使用单位各类人员配置

1.2.4.1　安全管理人员配置

符合下列条件之一的特种设备使用单位,应当配置专职安全管理员,并取得相应的特种设备安全管理人员资格证书：

(1)使用额定工作压力≥2.5 MPa锅炉的。

(2)使用5台以上(含5台)第Ⅲ类固定式压力容器的。

(3)从事移动式压力容器或者气瓶充装的。

(4)使用10 km以上(含10 km)工业管道的。

(5)使用移动式压力容器的。

(6)使用各类特种设备(不含气瓶)总量20台以上(含20台)的。

除前款规定外的使用单位可以配置兼职安全管理人员。

专职安全管理人员的配置，一般可按每人管理工业锅炉8～10台，或$P<10$ MPa发电锅炉3～5台，或$P>10$ MPa发电锅炉1～2台，或Ⅲ类压力容器10～20台，或其他压力容器30～50台，或工业管道10～15 km，或移动式压力容器、气瓶充装，或氧舱2～3台进行配置；单品种数量不足时可以兼管其他品种。

1.2.4.2 各类作业人员配置

使用单位应当根据本单位特种设备数量、特性、自动化程度等配置相应的特种设备作业人员，作业人员持证项目与作业项目必须一致，在特种设备运行时应当保证每班每类有1～2名持证的作业人员在岗。

医用氧舱、快开门式压力容器、锅炉司炉、锅炉水处理设备、移动式压力容器充装、气瓶充装等应当由专人操作。

修理人员、维护保养人员可以由使用单位予以配置，也可以分包给其他具有资质的单位进行；《特种设备作业人员考核规则》中对修理人员、维护保养人员有持证要求时，修理人员、维护保养人员应持证上岗。

1.2.5 使用单位安全防控体系的实施

承压类特种设备安全防控体系是一个动态的体系，必须经常进行各种活动，以保证防控体系的良好运转。主要活动内容包括以下几个方面。

1.2.5.1 安全防控计划

每年伊始，使用单位安全管理部门应督促各安全管理人员对自己管理的设备分类别按月份制订计划，如维修保养计划、自行检验计划、定期检验计划等。安全管理部门汇总各安全管理人员计划、单位应急预案演练计划、达到设计寿命设备的更新计划、到期合格供方(设备、材料、施工单位)评价计划等，形成单位特种设备安全防控计划，报单位安全管理负责人批准后，予以实施。

1.2.5.2 计划实施与问题反馈

每个月初由单位安全管理部门牵头，各安全管理人员对照单位安全防控计划报告自己分管任务上月的完成情况，说明未完成计划的原因，何时能完成上月的计划。

每个季度初，单位安全管理部门应将上季度安全防控计划的完成情况予以汇总，同时上报单位安全管理负责人。

每半年，单位安全管理负责人应召开各安全管理人员会议，检查单位安全防控计划的完成情况，总结经验，找出不足，将未完成的计划进行再布置、再安排。

1.2.5.3　年度总结与新年度计划

　　每年初,单位安全管理负责人应召开安全防控体系的年终总结会,对单位上年度安全防控计划的实施情况予以总结,对各安全管理人员的工作予以点评,表彰先进,鞭策落后,同时,找出单位安全防控工作方面存在的不足,责令专人对防控工作中存在的缺失、不足予以修订完善。

　　在制订新年度安全防控计划时,将本年度基本任务详细列出,同时应结合上年度安全防控计划中的不足进一步补充完善本年度计划,使新的年度安全防控计划更符合单位实际情况,更加全面,更加完善,更便于执行。

1.2.5.4　逐步提升

　　依照上述计划、实施、总结、完善的模式年复一年坚持不断完善,使单位安全防控工作每年都有新提升,每年都有新进步,则单位的安全形势必将越来越好,单位的职工生命安全和公司财产安全将不断迈上新台阶,必将为单位安全稳定发展打下良好基础。

1.3　安全管理记录

1.3.1　特种设备使用登记台账

　　特种设备使用登记台账主要记录设备信息、使用登记经办人、办理结果等情况,详见表1-3。

表1-3　特种设备使用登记台账

序号	设备名称	设备型号	设备代码	办理人员	办结时间	使用证号	备注
1							
2							
3							
4							
5							
6							
7							
8							
9							
10							

注:该设备台账在设备使用证号作废前应妥善保存。

1.3.2　特种设备定期检验台账

　　特种设备定期检验台账主要记录设备信息、定期检验经办人及检验情况,详见表1-4。

表 1-4　特种设备定期检验台账(　　年度)

序号	设备名称	设备代码	使用证号	到期时间	责任人员	检验完成时间	备注
1							
2							
3							
4							
5							
6							
7							
8							
9							
10							

1.3.3　特种设备作业人员培训记录

特种设备作业人员培训记录主要记录作业人员、培训经办人、培训内容等情况,详见表 1-5。

表 1-5　　　　　类作业人员培训记录(　　年度)

序号	姓名	性别	身份证号	到期时间	经办人员	培训内容	培训时间	备注
1								
2								
3								
4								
5								
6								
7								
8								
9								
10								

注:按照作业人员不同类别分别做好记录。

1.3.4　特种设备合格供方名录

特种设备合格供方名录主要记录合格供方的资质、联系方式、业绩等情况,详见表 1-6。

表1-6　特种设备合格供方名录(　　　　　类)

序号	单位名称	资质种类	法人代表	联系人	联系电话	公司业绩	备注
1							
2							
3							
4							
5							
6							
7							
8							
9							
10							

注:"资质种类"栏填写供方具备的制造、安装、改造(修理)等方面资质。

1.3.5　特种设备事故记录

特种设备事故记录主要记录事故设备信息、事故原因、防范措施等情况,详见表1-7。

表1-7　特种设备事故记录(　　　　年度)

序号	事故设备	设备代码	事故性质	事故原因	责任人员	处理结果	防范措施	备注
1								
2								
3								
4								
5								
6								
7								
8								
9								
10								

1.3.6　特种设备安全技术档案目录

特种设备安全技术档案目录主要记录设备信息、投运时间、建档情况等,详见表1-8。

表 1-8　特种设备安全技术档案目录

序号	设备型号	设备代码	购置日期	投运日期	设计寿命	建档人员	验收人员	备注
1								
2								
3								
4								
5								
6								
7								
8								
9								
10								

1.3.7　特种设备隐患发现及处理记录

特种设备隐患发现及处理记录主要记录设备情况、隐患情况、处理结果等信息,详见表 1-9。

表 1-9　特种设备隐患发现及处理记录(　　　年度)

序号	设备类别	设备代码	设备名称	隐患内容	发现人员及时间	处理人员及时间	验收人员及时间	备注
1								
2								
3								
4								
5								
6								
7								
8								
9								
10								

1.3.8　特种设备应急救援记录

特种设备应急救援记录主要记录事故设备、救援单位等信息,详见表 1-10。

表 1-10　特种设备应急救援记录(　　年度)

序号	事故设备名称	设备代码	设备位置	救援单位	联系人	联系电话	本单位负责人	备注
1								
2								
3								
4								
5								
6								
7								
8								
9								

1.3.9　特种设备维修保养记录

特种设备维修保养记录主要记录设备信息、维修保养内容、维修保养人员及时间等情况,详见表 1-11。

表 1-11　特种设备维修保养记录(　　年度)

序号	设备名称	设备代码	设备位置	维修保养内容	维修保养人员及时间	验收人员及时间	备注
1							
2							
3							
4							
5							
6							
7							
8							
9							
10							

1.3.10　临时用电记录

临时用电记录主要记录临时用电单位、用电地点、批准人、用电结束日期等情况,详见表 1-12。

表 1-12　临时用电记录(　　年度)

序号	申请单位	联系人	联系电话	用电功率	用电地点	设备验收人及日期	批准人及日期	用电结束日期	备注
1									
2									
3									
4									
5									
6									
7									
8									
9									
10									

1.3.11　特种设备超过设计使用年限使用记录

特种设备超过设计使用年限使用记录主要记录超过设计使用年限设备信息、检验信息、公司主要负责人意见等情况,详见表 1-13。

表 1-13　特种设备超过设计使用年限使用记录(　　年度)

序号	设备名称	设备代码	设备位置	设计年限到期时间	检验单位及结论	安评单位及结论	安全负责人意见	主要负责人意见	登记变更	安全管理人员	备注
1											
2											
3											
4											
5											
6											
7											
8											
9											
10											

注:超过设计使用年限设备报废后,在"备注"栏中应填写已报废及日期。

1.3.12　安全标志安装及验收记录

安全标志安装及验收记录主要记录安全标志的类别、位置、安装情况等信息,详见表 1-14。

表 1-14　安全标志安装及验收记录

序号	标志类别	标志位置	安装人员	安装日期	验收人员	验收日期	备注
1							
2							
3							
4							
5							
6							
7							
8							
9							
10							

1.3.13　事故预案制订及发放记录

事故预案制订及发放记录主要记录事故预案的种类、验收日期、发放日期等情况,详见表 1-15。

表 1-15　事故预案制订及发放记录

序号	设备种类	预案制订人	预案验收人	验收日期	发放人员	发放部门	发放日期	备注
1								
2								
3								
4								
5								
6								
7								
8								
9								
10								

1.3.14　特种设备安全附件及连锁装置校验记录

特种设备安全附件及连锁装置校验记录主要记录设备信息、安全附件及连锁装置校验信息等情况,详见表 1-16。

表 1-16　特种设备安全附件及连锁装置校验记录(　　年)

序号	设备型号	设备代码	设备位置	安全阀校验人及日期	压力表校验人及日期	温度计校验人及日期	连锁装置校验人及日期	备注
1								
2								
3								
4								
5								
6								
7								
8								
9								
10								

1.3.15　特种设备自行检查记录

特种设备自行检查记录主要记录设备情况、检查情况、存在问题及处理情况等,详见表 1-17。

表 1-17　特种设备自行检查记录(　　年)

序号	设备名称或型号	设备代码	设备位置	检查人及日期	存在问题	处理人及日期	验收人及日期	备注
1								
2								
3								
4								
5								
6								
7								
8								
9								
10								

注:在"备注"栏中填写设备的内部编号。

1.3.16　特种设备安全技术资料入档记录

特种设备安全技术资料入档记录主要记录设备登记信息、出厂资料信息、安装检验信息等情况,详见表1-18。

表1-18　特种设备安全技术资料入档记录

设备型号:＿＿＿＿＿＿　　　设备代码:＿＿＿＿＿＿　　　使用证号:＿＿＿＿＿＿

序号	项目	入档人员	日期	验收人员	日期	备注
1	使用登记证					
2	特种设备使用登记表					
3	特种设备设计、制造技术资料,包括设计文件、产品质量合格证明(含合格证、数据表、质量证明书)、安装及使用维护保养说明、监督检验证书、型式试验证书等					
4	设备安装、改造、修理方案、图样,材料质量证明书,施工质量证明文件,安装、修理、改造监督检验报告,验收报告等					
5	定期自行检查记录、定期检验报告					
6	特种设备日常使用记录					
7	设备及附属仪器仪表维护保养记录					
8	设备安全附件和安全保护装置的校验、检修、更换记录及有关报告					
9	设备运行故障和事故记录,事故处理报告等					

第 2 章　锅炉设备的安全与防控管理

锅炉是一种具有爆炸危险的特种设备,其外部受到火焰、烟气的加热、冲刷,内部受到水或其他介质的侵蚀,其工作条件及其恶劣,加强锅炉设备的安全与防控管理,对于延长锅炉使用寿命、保护人民生命及财产的安全具有重要意义。

本章主要包括锅炉管理制度、锅炉事故应急预案、锅炉安全管理记录等内容。

2.1　锅炉管理制度

管理制度是使用单位对锅炉进行管理的依据,也是锅炉管理人员、操作人员工作的基本准则,因此制定完善的锅炉管理制度对使用单位锅炉的安全运行具有十分重要的意义。

2.1.1　司炉工岗位责任制

司炉工岗位责任制对司炉工的工作提出了基本要求,规定了司炉工的行为准则,具体内容如下:

(1)司炉工应接受锅炉班长(或工段长)的正确领导,服从班长(或工段长)的指挥调度,严格执行各项规章制度,认真完成本职工作。

(2)司炉工是锅炉运行的操作者,在操作中要认真执行操作规程,对违反法规的指令有权拒绝执行,否则造成事故由责任者自己负责。

(3)司炉工在当班内不得任意离开工作岗位,不得做与本职工作无关的事,当班司炉工在班前、班中不得饮酒。

(4)熟练掌握自己操作的锅炉名称、型号、构造、性能和操作要求,对设备做到会操作、会维修、会管理。

(5)必须经常检查和随时监视设备运行情况,认真做好运行记录,如发生事故和故障应立即采取措施并向有关部门报告,事故未妥善处理前不得离开现场,如发生重大事故应保护现场。

(6)司炉工应提前 15 min 到现场做好锅炉接班工作,并在记录本上签字。

(7)坚持增产节约方针,努力做好节水、节电、节气(包括煤、油)等工作。

(8)执行设备双包机制,认真做好设备的维护保养工作,按时按量向润滑部位添加润滑油和润滑脂。

(9)保持锅炉房内外清洁,设施干净、仪表清晰,工具存放整齐,道路畅通。

(10)经常总结工作,钻研技术,互教互学,不断增强安全意识,不断提高司炉操作技术水平。

2.1.2　司炉班长岗位责任制

司炉班长是锅炉房的一线领导,其基本职责如下:

(1)认真学习、贯彻执行国家各项安全技术法规,积极组织司炉工学习业务技术,督促和检查司炉工做好本职工作,保证锅炉安全经济运行;带头执行各项规章制度,对违章作业的现象及时制止。

(2)主动配合生产科(或调度室)做好蒸汽的调度工作。

(3)参与制订锅炉检修计划。

(4)检查督促班组成员做好锅炉及辅机设备的维护保养工作,防止"跑、冒、滴、漏"。

(5)严格执行和落实交接班制度,审查司炉工填写的运行记录,认真进行巡查、检查工作,保证设备正常运行。

(6)认真落实主管领导和安全管理人员对锅炉安全工作的具体要求。

(7)经常对锅炉进行外部检查,消除不安全因素;检查软水、炉水的水质指标,使锅炉给水和炉水质量合格。

(8)锅炉发生一般故障时应及时处理并报告安全管理科、生产科(或调度室)及锅炉房主任;发生锅炉爆炸事故时应保护好现场,立即报告安全管理科、公司安全负责人及锅炉房负责人。

2.1.3　锅炉房主任岗位责任制

锅炉房主任是锅炉安全工作的第一责任人,其主要工作内容如下:

(1)认真组织司炉工、水质化验人员学习国家各项锅炉安全技术法规,并认真贯彻执行。

(2)对司炉工、水质化验人员组织技术培训,要求他们持证上岗。

(3)参与制定锅炉房各项规章制度,与司炉工签订安全目标责任书。

(4)传达贯彻特种设备安全监督管理部门下达的安全指令,并落实安全隐患的整改要求。

(5)对锅炉房各项规章制度实施监督检查,每周不少于一次;重点检查运行记录、交接班记录及设备运行参数和实际运行状况。

(6)督促检查锅炉及其附属设备的维护保养和定期检验计划的实施情况。

(7)解决锅炉房有关人员提出来的安全问题,如不能解决应及时向公司安全管理科或公司领导报告。

(8)定期开展锅炉设备应急预案演练。

(9)负责锅炉房各类隐患、事故汇总上报工作。

(10)锅炉发生重大事故时,及时向公司安全管理科、公司领导及市场监督管理部门报告。

2.1.4　锅炉水质化验人员岗位责任制

锅炉水质化验人员具有保证锅炉安全经济运行的重要职能,其工作职责如下:

（1）认真遵守本岗位管理制度和操作规程，严格执行《锅炉安全技术规程》和《工业锅炉水质》（GB/T 1576—2018）标准，保证供给锅炉合格水质。

（2）熟练掌握本锅炉房的水处理流程、设备结构、性能和自动控制程序。

（3）发现水质异常时应及时向锅炉房主任报告，并与司炉工联系，采取有效措施进行调整。

（4）对责任范围内的设备、管线仪表加强检查、维护保养，保证水处理设备安全稳定运行。

（5）按制度规定对水质进行监测，及时对水处理设备进行树脂再生，保证充足的、合格的锅炉给水。

（6）管理好除氧设备，其运行参数应符合工艺要求，保证除氧达标。

（7）认真填报水质处理日志，字迹工整，保存完好；不得假报、伪造数据，不得减少化验次数。

（8）各类配制好的并经过标定的分析试剂，应标出配制日期、失效日期及溶液名称，严禁使用未经标定的、过期失效的分析试剂。

（9）保持分析仪器清洁，按时检定、校验，使其处于完好、准确状态；不得使用未经校验的仪器。

（10）负责制订水质分析药品及化工原料的购买计划，并负责保管和使用。

（11）负责锅炉停炉后湿式保养的加药工作。

（12）负责本岗位的操作台、仪器和仪表柜的环境卫生，做到文明生产。

2.1.5　锅炉房交接班制度

锅炉房交接班制度是锅炉房的重要管理制度，全体人员必须认真执行。司炉工交接班时，应对下列内容进行交接：

（1）交接锅炉的运行工况及运行记录。

（2）交接锅炉所发生的特殊情况（如事故、检修等情况）。

（3）交接设备的缺陷等问题。

（4）交接锅炉安全附件和辅机的运行情况。

（5）交接各种阀门的变化情况和自控仪表的工作情况。

（6）交接锅炉排污情况。

（7）交接燃料的质量和储量。

（8）交接软水的储量。

（9）交接锅炉房的工具。

（10）交接设备、厂房的清洁和保养情况。

（11）交接班的其他情况。

水质检测人员交接时，应对下列内容进行交接：

（1）水处理设备运行情况。

（2）锅炉炉水质量情况。

（3）软化水储量、质量情况。

(4)除氧器运行情况。

(5)软水剂储量。

(6)化验试剂储量。

(7)化验间、化验仪器清洁情况。

(8)其他特殊情况。

2.1.6　锅炉巡回检查制度

为了及时了解锅炉设备的运行状况,应根据本单位锅炉设备的特点,建立健全巡回检查制度,以便及时发现设备的缺陷或安全隐患,具体要求如下:

(1)巡回检查的时间:要求每 2 h 巡回检查 1 次,每班至少巡回检查 4 次。

(2)巡回检查的人员:司炉班长和当班司炉工、检修人员和水质化验人员。

(3)巡回检查的内容:锅炉水位、压力、燃烧是否正常;锅炉辅机运转是否正常,锅炉人孔、手孔、受压部件、省煤器、过热器等有无泄漏和其他异常情况,用汽负荷的变化情况等。

(4)巡回检查的路线:由上煤(供油、气)、给水、炉前、炉后、炉上、炉下、炉内(看火)、炉外(查辅机)到除渣、除灰、阀门、仪表等逐一进行检查。

(5)巡回检查的记录:要求每次巡回检查完毕都要做好巡查记录,记录各种设备运行的情况和参数,所有显示、记录和积算仪表上的数据都要准确记录。

2.1.7　锅炉设备维修保养制度

为做好锅炉及辅属设备的维修保养工作,特做出如下要求:

(1)司炉工应按锅炉房的规定对设备注油部位定期加油一次,要求有次序地对每一加油点逐个进行加油,以免遗漏。

(2)对仪表设备应每天进行维护保养,以保持准确、灵敏。

(3)每班司炉工应对锅炉、附属设备和场地进行一次清洁工作,做到文明生产。

(4)每班应对锅炉、安全附件和附属设备检查维护一次,做到小缺陷及时检修,消除"跑、冒、滴、漏"。

(5)锅炉应定期进行检修,检修方案包括检修的间隔时间、检修项目(内容)、检修工艺、检修人员、审批程序、检修质量的验收等。

(6)检修资料(包括方案、工艺、记录等)应及时归档,并妥善保管。

2.1.8　锅炉水质管理制度

锅炉水质管理制度是锅炉房的一项重要管理制度,水质是否达标对锅炉设备的安全使用寿命具有重要影响,特制定如下制度:

(1)锅炉使用的水质必须符合《工业锅炉水质》(GB/T 1576—2018)及《火力发电机组及蒸汽动力设备水汽质量》(GB/T 12145—2016)。

(2)使用单位购置的水处理设备应满足锅炉用水量、用水标准要求,使用过程中应做好维护保养工作。

(3)使用单位应购置必要的水质检测设备及检测化学药剂。

(4)使用单位应根据用水量的大小,配备专职或兼职的水处理设备操作人员及水质检测人员。

(5)水质检测人员应持证上岗,有权拒绝任何人的违章指挥。

(6)水处理设备操作人员或水质检测人员发现设备出现异常时,应及时报告锅炉房(或分厂、工段)领导。

(7)不符合标准的水质不得进入锅炉内部。

(8)检测水样包括原水、软水、除氧水、炉水、回收水等,其化验项目和合格标准应与水质标准要求一致。

(9)检测用标准溶液配制后应进行标定,并标注品名、浓度、有效期等。

(10)水质检测完成后要做好记录,并妥善保管。

(11)交换剂、再生剂应妥善保管,防止失效。

(12)检测仪器设备应及时维护并妥善保管。

2.1.9　锅炉房清洁卫生制度

锅炉房设备及环境清洁卫生,是锅炉房文明生产的一个重要标志。其内容包括以下几个方面:

(1)将锅炉房设备(包括主机和辅机)的清洁卫生和维护保养包干到人,实行专管人挂牌制度。

(2)锅炉房的内外划分成若干个卫生区,分别包到班组或个人,区域划定,并实行挂牌制度。

(3)制定设备及卫生区的清洁标准和清扫要求,要求卫生区域无杂物,每天清扫一次。

(4)建立锅炉房设备及卫生区的卫生检查评比制度,每周由锅炉房主任主持进行一次评比,奖优罚劣,奖惩兑现。

2.1.10　安全保卫制度

锅炉房是公司的动力供应基地之一,是公司安全生产的一个重要方面。必须建立安全保卫制度,具体内容包括以下几方面:

(1)锅炉房门外须悬挂"闲人免进"的牌子,切实控制非锅炉房的"闲杂人员"进入锅炉房。

(2)建立锅炉房的值班制度,锅炉房内设立记事牌或出入登记本,所有人员出入做到有记录。

(3)锅炉房以外人员进入锅炉房应有专人陪同,严禁外人随便开关任何阀门、按钮。

(4)司炉工在锅炉房内不准干与锅炉运行无关的事,锅炉房内不准堆放与锅炉运行无关的物品。

(5)锅炉房的煤、渣、灰、油、气、劳保用品等要妥善保管,要有防火、防盗、防雨、防雪的安全措施。

2.1.11　锅炉事故报告制度

锅炉房发生紧急停炉及其他停炉故障的均为锅炉事故,应按下列要求进行报告:

(1)发生锅炉事故后,事故现场有关人员应当立即向公司安全管理部门及锅炉房负责人报告;安全管理部门负责人接到报告后,根据事故性质,确定是否向上级有关部门报告。

(2)事故报告应当包括以下内容:

①事故发生的时间、地点、概况等。

②事故发生初步情况,包括事故简要经过、现场破坏情况、已经造成或者可能造成的伤亡和涉险人数、初步估计的直接经济损失、初步确定的事故等级、初步判断的事故原因。

③已经采取的措施。

④报告人姓名、联系电话。

⑤其他有必要报告的情况。

(3)锅炉房负责人接到事故报告后,应当立即启动事故应急预案,采取有效措施,组织抢救,防止事故扩大,尽力减少人员伤亡和财产损失。

(4)锅炉发生事故后,锅炉房人员应当妥善保护事故现场以及相关证据,及时收集、整理有关资料,为事故调查做好准备;必要时应当对设备、场地、资料等进行封存,由专人看管。

(5)事故调查期间,任何人不得擅自移动事故相关设备,不得毁灭相关资料、伪造或者故意破坏事故现场。

(6)锅炉事故由市场监督管理部门组织调查组进行调查时,公司应做好事故调查的配合工作。

2.1.12　锅炉启动前安全检查制度

为保证锅炉设备启动过程的安全,锅炉启动前应进行必要的安全检查,具体内容如下:

(1)为确保锅炉启动前安全检查的质量,应根据设备安装、修理、维护的进度安排,提前组建启动前安全检查小组。

(2)公司安全副总指定启动前安全检查组长,组长负责对每个组员的分工,小组成员可由安全、设备、维修保养、电气仪表、操作和安全环保等专业人员组成;必要时可包括承包商、具有特定知识和经验的外部专家等。

(3)启动前安全检查分为文件审查和现场检查。文件审查主要包括锅炉产品质量证明书、安装改造修理质量证明书、分部试运行记录等;现场检查主要包括安全操作规程、作业人员持证上岗、锅炉及附属设备质量状况(包括安装、改造、修理质量)、应急预案等。

(4)安全检查小组成员应根据任务分工,依据检查清单进行检查并形成书面记录,发现设备存在问题时应及时提出整改建议。

(5)所有整改项完成整改后,检查人员应予以确认;组长将检查记录汇总后形成锅炉启动前检查报告,交给公司安全管理科。

(6)安全管理科根据设备管理权限,由相应责任人审查并批准启动;对于涉及变更的整改项,应将相关图纸、设计文件等进行更新并归档。

2.1.13　锅炉停炉保养制度

为了做好锅炉的停炉保养工作,延长锅炉使用寿命,减轻锅炉停炉期间的腐蚀,特做出如下规定。

2.1.13.1　**压力保养**

压力保养一般适用于停炉时间不超过一周的锅炉。利用锅炉中的余压保持 0.05 ~ 0.1 MPa,锅炉温度高于 100 ℃ 以上,既使锅炉水中不含氧气,又可阻止空气进入锅炉。为保持炉水温度,可以定期在炉膛内生微火。

2.1.13.2　**湿法保养**

湿法保养一般适用于停炉时间不超过 1 个月的锅炉。锅炉停炉后,将锅水放尽,清除水垢和烟灰,关闭所有的人孔、手孔和阀门等,然后加入软水至最低水位线,再用专用泵将配制好的碱性保护液注入锅炉。保护液的成分是:NaOH 按每吨锅水加 8 ~ 10 kg,或 Na_3PO_3 按每吨锅水加 20 kg。当保护液全部注入后,开启给水阀,将软水灌满锅炉,直至水从空气阀冒出,然后关闭空气阀和给水阀,开启专用泵进行水循环,使溶液混合均匀。在整个保养期间,要定期生微火烘炉,以保持受热面外部干燥;定期开泵进行水循环,使各处的溶液浓度一致;冬季要做好防冻措施。

2.1.13.3　**干法保养**

干法保养适应于停炉 1 个月以上的锅炉,常用以下几种方法:

(1)干燥剂法,适用于工业锅炉。干燥剂法就是在锅炉停用后,当锅炉水的温度降至 100~120 ℃ 时,将锅炉内的水全部放掉,利用炉内余热,将金属表面烘干,并清除沉积在锅炉水系统内的水垢和水渣。然后在锅炉内、炉膛内(包括烟道内)放入干燥剂,保持金属表面干燥,防止腐蚀。

常用的干燥剂有三种:无水氯化钙($CaCl_2$),常用量 1.0~1.5 kg/m³;生石灰(CaO),常用量 3~5 kg/m³;硅胶,常用量 1.5~3.0 kg/m³。

干燥剂的放置方法:将分盛在若干个搪瓷盘内,分别放入汽包、泥包、各联箱及炉膛内。装入的数量和位置应记录在锅炉保养记录内,以免投入运行时忘记取出。干燥剂放入炉内后应立即关闭各汽水阀门,同时关闭炉门、烟道检查门,防止外界空气进入。干燥剂放入 1 个月后应进行一次检查,如发现潮解,应立即更换,以后可每 3 个月检查一次。

(2)烘干法,适用于工业锅炉。此法就是在停炉时,当锅炉水的温度降至 100~120 ℃ 时,进行放水。当水放尽后,利用炉内余热、点微火或引入炉膛热风,将锅炉内表面烘干。此法只适用于锅炉在检修期间的防腐。

(3)充氨法,适用于散装锅炉。充氨法就是锅炉停用放水后,在锅炉全部容积内充满氨气。氨溶解在金属表面上的水膜中,使金属表面形成耐腐蚀性保护膜。氨还能使氧在水膜中的溶解度降低,防止溶解氧的腐蚀。采用充氨法时,应将铜质部件拆除,并保持锅炉内压力为 100 mmH₂O。

(4)锅炉长期停用时,彻底清除烟灰后在炉体金属外表面涂以红丹油或其他防腐漆,防止锅炉外部发生腐蚀。

2.1.14　热载体炉使用管理制度

热载体具有低压高温、易于着火燃烧的特性,使用过程中必须特别注意防火。因此,特做出如下规定:

(1)热载体炉的司炉工取得司炉证后,还应该接受热载体方面的专业培训。

(2)热载体炉出口处的热载体温度不得超过热载体的最高使用温度(一般低于 30~40 ℃)。

(3)热载体使用中必须进行脱水,脱水温度一般为 120~140 ℃,停留时间不少于 1 h;低沸物的脱出温度一般为 160~180 ℃,停留时间不少于 1~1.5 h,而后方可投入使用。

(4)不同型号、厂家的热载体不宜混合使用。

(5)使用中的热载体每年应对其残炭、酸值、黏度、闪点进行一次分析,当出现不合格项目时,应更换热载体。

(6)膨胀器内的热载体温度不应超过 70 ℃。

(7)严禁在热载体中混入水、酸、碱及其他杂质。

(8)热载体连接管道应采用氩弧焊全焊透结构,保证管道严密不漏。

(9)热载体炉启动时应先启动循环泵,待循环正常后再进行点火;停炉时应先熄灭炉膛火焰,待热载体温度降至 120~130 ℃时再停止循环泵。

(10)热载体炉进出口压力差增大时,应对热载体炉进行清洗,一般清洗间隔不超过3 年。

(11)热载体管道过滤器一般每年应拆卸进行一次清洗。

(12)热载体炉的安全阀排放管应接至高位罐;高位罐应装设液位计及高低液位报警器。

(13)热载体的技术资料(包括技术性能指标、出厂合格证、每年的化验报告等)应存档备查。

(14)热载体的使用、储存应注意防火安全,必须采取有效的防火和灭火措施。热载体炉的锅炉房应配备泡沫灭火器。

(15)每年应进行一次热载体着火应急预案的演练。

2.1.15　锅炉事故应急演练制度

锅炉事故应急演练制度主要对锅炉事故应急预案的演练提出具体要求,具体内容如下:

(1)锅炉应急预案应发放至单位领导、机关科室、生产车间、生产班组等所有相关部门。

(2)锅炉应急处置方案应当包括锅炉设备的危险性分析、可能发生的事故特征、应急处置程序、应急处置要点和注意事项等内容。

(3)根据特种设备异常情况的危险程度、危害范围等确定不同级别的应急预案响应,如工段响应、车间响应、全单位响应等。

(4)设有特种设备安全管理机构和专职安全管理员的使用单位,应当根据单位制订锅炉事故应急专项预案要求,至少每年进行一次演练,并做好记录;其他使用单位可以在综合应急预案中编制锅炉事故应急预案的内容,适时开展锅炉事故应急预案的演练,并且做好记录。

2.1.16　锅炉房节能减排管理制度

为做好锅炉房的节能减排工作,依据《锅炉节能技术监督管理规程》的要求,特做出如下规定:

(1)在满足生产需要的前提下,应选用节能环保型锅炉产品,使锅炉实现高效环保运行。

(2)每季度至少对锅炉作业人员进行一次培训或技术交流活动,以提高锅炉节能管理人员、运行操作人员的综合素质和能力。

(3)锅炉房中的大功率电器如给水泵、送风机、引风机、循环泵等应采用变频控制;锅炉尾部应按照当地的环保要求安装脱硫脱硝设备,以使锅炉达标排放。

(4)锅炉房必备的测量仪表应配置齐全,如电能表、给水流量计、蒸汽流量计、燃煤称重机、燃油(气)流量计、氧量计、排烟温度计、室内温度计、一次风压计、二次风压计、NO_x测量仪等。

(5)锅炉运行中,应根据不同燃料进行合理配风,流化床和采用膜式壁的锅炉排烟处的过量空气系数应不大于1.4,除前款规定外的其他层燃锅炉过量空气系数应不大于1.6,正压燃烧燃油气锅炉过量空气系数应不大于1.15,锅炉内压力、温度应保持稳定。

(6)控制锅炉运行负荷一般不低于额定出力的70%,不允许锅炉在额定出力100%以上工况下运行。

(7)锅炉运行中,应定期做好下列工作:

①定期检查锅炉炉体、炉顶温度,炉体温度应≤50 ℃,炉顶温度应≤70 ℃;

②每班司炉操作人员应对锅炉受热面吹灰或使用除渣剂清灰一次,以保持受热面清洁;

③每 2 h 对管道、阀门、仪表及保温结构等检查一次,确保其严密、完好,及时消除锅炉及管道的"跑、冒、滴、漏"等现象。

(8)在运锅炉应做好原始记录。运行工况原始记录的主要项目包括:

①介质(水或热载体)入口压力、温度及流量,介质出口压力、温度及流量;

②炉膛温度及压力;

③汽、热水锅炉的水处理化验数据;

④运行时间;

⑤锅炉排烟温度及过量空气系数等。

(9)保证锅炉水质符合《工业锅炉水质》(GB/T 1576—2018)的要求。

(10)锅炉受热面有严重锈蚀或锅炉受热面被水垢覆盖80%以上,且平均水垢厚度达到或超过下列数值时,应对结垢的锅炉进行除垢:

①对于无过热器的锅炉:0.5 mm;

②对于有过热器的锅炉:0.3 mm;

③对于热水锅炉:0.5 mm。

2.2　锅炉事故应急预案

2.2.1　总则

2.2.1.1　目的

为及时有效地处置公司锅炉事故,防止事故蔓延扩大,最大限度减少事故造成的人员伤亡和经济损失,特制订本预案。

2.2.1.2　编制依据

事故应急预案的编制依据有《特种设备安全条例》《特种设备使用管理规则》《特种设备事故报告和调查处理规定》等。

2.2.1.3　遵循原则

(1)以人为本,安全第一。把保障人员生命安全、最大程度减少人员伤亡作为首要任务,并切实加强应急救援人员的安全防护。

(2)加强监管,重在预防。切实贯彻落实"安全第一,预防为主"的方针,坚持事故应急与预防工作相结合,做好锅炉安全运行工作。

2.2.1.4　适用范围

本预案适用于公司锅炉事故的应急处置。事故类型包括:

(1)锅炉本体超压发生爆炸事故。

(2)锅炉本体发生变形、损毁事故。

(3)锅炉给水、蒸汽管道发生泄漏事故。

(4)锅炉炉膛发生爆炸事故。

(5)锅炉因压力控制元件失灵发生超压事故。

(6)锅炉因电气故障发生火灾事故。

(7)锅炉燃油、燃气管道泄漏引起的火灾事故。

2.2.2　应急组织机构与职责

2.2.2.1　组织领导机构

由公司负责人等组成锅炉事故应急指挥部。

总指挥:总经理(或董事长、党委书记)。

副总指挥:各位副总及总工。

成员:各部门负责人。

2.2.2.2　分工及职责

为实现对锅炉事故应急工作的统一指挥、分级负责、组织到位和责任到人。指挥部下设8个工作组,具体负责组织指挥现场抢险救灾工作。

(1)现场指挥组。

组长:生产副总经理。

成员:生产科长、车间(分厂、工段)负责人。

主要职责:

①负责指挥现场救援救治队伍。

②组织调配救援的人员、物资。

③协助总指挥研究制订、变更事故处理方案。

(2)抢险救灾组。

组长:安全副总经理。

成员:安全管理科科长、锅炉房主任、安全管理员及司炉工、维修工。

主要职责:

①指挥现场救护工作,负责实施指挥部制订的抢险救灾技术方案和安全技术措施。

②快速制订抢险救护队的行动计划和安全技术措施。

③组织指挥现场抢险救灾、救灾物资及伤员转送。

④合理组织和调动救援力量,保证救护任务的完成。

(3)技术专家组。

组长:总工程师。

成员:技术科长、总工办主任。

主要职责:

①根据事故性质、类别、影响范围等基本情况,迅速制订抢险与救灾方案、技术措施,报总指挥同意后实施。

②制订并实施防止事故扩大的安全防范措施。

③解决事故抢险过程中的技术难题。

④审定事故原因分析报告,报总指挥阅批。

(4)物资后勤保障组。

组长:经营副总经理。

成员:供应科长、设备科科长、仓库主任、行政(后勤)科科长 。

主要职责:

①负责抢险救灾中物资和设备的及时供应。

②筹集、调集应急救援供风、供电、给排水设备。

③负责食宿接待、车辆调度、供电、通信畅通工作。

④承办指挥部交办的其他工作。

(5)治安保卫组。

组长:保卫科科长。

成员:全体保卫科人员。

主要职责:

①组织治安保卫人员对事故现场进行警戒、戒严和维持秩序,维护事故发生区域的治安和交通秩序。

②指挥疏散事故影响区域的人员。

③完成指挥部交办的其他工作。

（6）医疗救护组。

组长：工会主席。

成员：职工医院院长（或医务室主任、附近医院院长）、工会干事及医护人员。

主要职责：

①立即赶赴现场对受伤人员进行救护。

②组织医疗救治，负责制订医疗救护方案。

（7）信息发布组。

负责人：行政副总经理。

成员：党政办公室等相关人员。

主要职责：

①负责事故信息发布工作，要按照指挥部提供的事故救援信息向社会公告事故发生性质和救援进展情况。

②向上级政府部门及报社、广播电台、电视台等新闻媒体报告现场救援工作。

③正确引导媒体和公众舆论。

（8）善后处理组。

组长：党委书记（或总经理、董事长）。

成员：工会、人力资源科、党政办公室等部门负责人。

主要职责：

①负责事故中遇难人员的遗体、遗物处置。

②负责事故伤亡人员亲属的安抚接待、抚恤金发放等善后处理。

2.2.3　各部门职责

2.2.3.1　生产计划科（及调度室）

坚持 24 h 应急值守，并做到以下几个方面：

（1）及时准确地上报事故情况，传达总指挥命令。

（2）召集有关人员在生产计划科（及调度室）待命，做好响应的准备工作。

（3）了解并记录事故发生时间和地点、灾害情况和现场采取的救护措施。

（4）核实和统计事故区域人数，按照指挥部命令通知事故区域人员撤离。

（5）整理抢险救援命令，要做好详细应急处置记录，及时掌握抢险事故现场进展情况和救援情况。

（6）按照指挥部的要求全面协调和指导事故应急救援工作，调用应急救援物资、救护队伍、设备和有关专家。

（7）按指挥部的命令，在规定时间内向上级有关部门报告事故救援情况。

（8）负责起草事故应急救援工作报告。

（9）完成总指挥交给的其他任务。

2.2.3.2　党政办公室

坚持 24 h 应急值守，并做到以下几个方面：

（1）及时向总指挥报告事故信息，传达总指挥关于救援工作的批示和意见。

（2）接受上级部门领导的重要指示、批示，立即呈报总指挥阅批并负责督办落实。

（3）保证事故抢险需要的车辆。

（4）承办指挥部交办的其他工作。

2.2.3.3　安全管理科

坚持 24 h 应急值守，并做到以下几个方面：

（1）及时向指挥部汇报事故信息。

（2）按照总指挥指示，组织工会等有关人员进行事故调查，及时向指挥部提供事故调查报告。

（3）参与上级部门的事故调查，负责向事故调查组提供事故有关情况、资料，重要事项必须向总指挥请示。

（4）负责现场安全措施的督办落实。

（5）完成指挥部交给的其他任务。

2.2.3.4　职工医院（或医务室、附近医院）

坚持 24 h 应急值守，并做到以下几个方面：

（1）时刻做好应急救援救治工作，接警后迅速组建现场救治医疗队伍，5 min 内派出救护队伍。

（2）筹集调集应急救援救治所用药品等，及时提供救护所需物品。

（3）完成指挥部交给的其他任务。

2.2.3.5　供应科

坚持 24 h 应急值守。保障事故抢救物资的供应，确保抢险救灾工作的顺利开展。

2.2.3.6　技术科、设备科

技术科、设备科应做到以下几个方面：

（1）提供事故区域图纸和有关技术资料。

（2）根据指挥部命令完成现场相关检测、测量工作。

（3）结合实际情况，制订相应的技术方案、防范措施。

（4）负责起草事故原因分析报告。

（5）完成总指挥交给的其他任务。

2.2.3.7　财务部

保证为事故救援配备的救援设备、器材提供经费支持和事故善后处理所需资金及时到位。

2.2.3.8　工会

参与事故调查、善后处理。

2.2.3.9　其他部门

相关部门完成指挥部交办的任务。

2.2.4　常见事故原因及防范措施

2.2.4.1　锅炉本体超压发生爆炸事故

（1）事故原因。

锅炉本体超压发生爆炸事故的主要原因有锅炉工作压力超过额定压力、锅炉本体(如锅筒、集箱、炉胆、U形圈、封头等)发生严重腐蚀等。

(2)防范措施。

①按期校验安全阀,保证其灵敏可靠。

②定期检修锅炉的超压连锁装置,保证其灵敏可靠。

③定期检修锅炉水处理设备,保证其可靠运行。

④配备锅炉水质化验员,及时进行锅炉水质检测,保证锅炉用水合格,防止锅炉本体腐蚀的发生。

⑤加强司炉作业人员培训,不断提高其责任心,提高司炉操作的精细化水平。

2.2.4.2　锅炉本体发生变形、损毁事故

(1)锅炉本体发生变形、损毁事故的主要原因是锅炉工作压力超过规定压力,锅炉本体(如锅筒、集箱、炉胆、U形圈、封头等)发生腐蚀,管子发生磨损等。

(2)防范措施:

①按期校验安全阀,使其开启压力与锅炉工作压力相适应。

②调整锅炉的超压连锁装置,使其小于或等于锅炉规定工作压力。

③定期检修锅炉水处理设备,保证其可靠运行。

④配备锅炉水质化验员,及时进行锅炉水质检测,保证锅炉用水合格,防止锅炉本体腐蚀的发生。

⑤防止锅炉超负荷运行,控制烟气流速,以减轻烟气对省煤器管、对流管的冲刷磨损。

⑥加强司炉作业人员培训,不断提高其责任心,提高司炉操作的精细化水平。

2.2.4.3　锅炉给水、蒸汽管道发生泄漏事故

(1)锅炉给水、蒸汽管道发生泄漏事故的主要原因是管道腐蚀、管道支吊架损坏、管道变形、管道裂纹等。

(2)防范措施:

①加强对锅炉给水、蒸汽管道的巡视,检查管道有无振动、变形、泄漏。如发现上述现象,应分析原因,及时采取措施予以消除。

②加强对锅炉给水、蒸汽管道的年度检验工作,检查有无腐蚀、泄漏、支吊架损坏、管道变形、保温层损坏、阀门泄漏等问题,如发现问题应及时采取措施予以消除。

③加强对锅炉给水、蒸汽管道的定期检验工作,检查有无腐蚀、磨损减薄、裂纹、泄漏、支吊架损坏、管道变形、保温层损坏、阀门泄漏等问题,如发现问题应及时采取措施予以消除或更换。

④管道启、停的操作要严格执行操作规程,防止过大的温差应力对管道造成损伤。蒸汽管道启动时应首先进行暖管操作,微开阀门,缓慢升温,同时进行疏水,再逐步开启阀门,对管道进行升温升压,直到管道压力升至接近工作压力,关闭管道疏水,使管道投入正常运行。

2.2.4.4　锅炉炉膛发生爆炸事故

(1)锅炉炉膛发生爆炸事故一般发生在燃油燃气锅炉、煤粉锅炉或循环流化床,事故原因主要是炉膛内可燃气体浓度达到爆炸范围,又遇到了明火或火花,从而产生化学爆炸。

（2）预防措施：

①燃油燃气锅炉、煤粉锅炉点火前,应进行 3~5 min 的吹扫。

②燃油燃气锅炉、煤粉锅炉灭火后,严禁直接进行点火操作,必须进行 3~5 min 的吹扫后再进行点火操作。

③循环流化床压火时,应将炉膛的炉门、风室的检查门及返料风室的检查门打开,使锅炉压火时产生的可燃气体能够及时向外扩散,以免启炉时产生炉膛爆炸。

2.2.4.5　锅炉发生超压事故

（1）锅炉发生超压事故的主要原因是锅炉超压连锁装置失灵、安全阀失灵、司炉工未精心操作造成。

（2）预防措施：

①1~2 周进行一次超压连锁保护装置及安全阀的功能性试验,检查其完好情况。

②3~4 个月对超压连锁装置进行一次维护,使其处于完好状态。

③加强司炉作业人员培训,不断提高其责任心,提高司炉操作的精细化水平。

2.2.4.6　锅炉因电气故障发生火灾事故

（1）锅炉因电气故障发生火灾事故的主要原因是设备老化未及时更新、设备超负荷运行、设备内部存在灰尘或油污。

（2）预防措施：

①严禁锅炉房内电气设备超负荷运行,以保证电气设备安全。

②每年对锅炉房电气设备进行一次检查,如发现问题及时更换。

③每半年对锅炉房电气设备进行一次检查维护,及时清除电气设备内部的灰尘、油污等。

2.2.4.7　锅炉燃油、燃气管道泄漏引起的火灾事故

（1）锅炉燃油、燃气管道泄漏引起的火灾事故的主要原因是锅炉燃油、燃气管道泄漏后遇到明火或火花。

（2）预防措施：

①加强对锅炉燃油、燃气管道的巡视,检查管道有无振动、变形、腐蚀、泄漏。如发现上述现象,应分析原因,及时采取措施予以消除。

②每年对锅炉燃油、燃气管道进行一次检查,检查有无腐蚀、泄漏、支吊架损坏、管道变形、保温层损坏、阀门泄漏等问题,如发现问题应及时采取措施予以消除。

2.2.5　事故报告与响应

2.2.5.1　事故报告

（1）发生锅炉事故时,值班人员应立即向锅炉房主任、公司安全管理科、公司生产科汇报;同时采取必要措施进行处理。

（2）事故现场发生火灾时,现场的值班人员应立即组织人员采取一切可能的措施直接进行灭火,并向锅炉房主任、公司安全管理科、公司生产科汇报。如果火势较大,不能控制时,应通知所有可能受火灾威胁地区的人员按避灾路线进行撤退,同时拨打火灾报警电话 119 进行报警。

（3）由总指挥下达指令，确定事故上报部门、上报内容，是否向外求援等。事故关联单位电话如下：

　　××市市场监督管理局值班电话：×××××××

　　××市应急管理局值班电话：×××××××

　　××市政府应急值班电话：×××××××

　　××医院急救电话：×××××××

2.2.5.2　应急响应

一级响应：锅炉本体超压发生爆炸事故或锅炉炉膛发生爆炸事故时为一级响应。公司总经理（或党委书记、董事长）担任指挥，全公司响应，各部门按照原定分工，各司其职，立即行动，同时向上级有关部门进行事故报告。

二级响应：锅炉因电气故障发生火灾事故或锅炉燃油、燃气管道泄漏引起的火灾事故为二级响应。由公司安全副总担任指挥，公司安全管理科、锅炉房进行响应，其他部门进行配合，同时向上级有关部门进行事故报告。

三级响应：锅炉本体发生变形、损毁事故、锅炉给水、蒸汽管道发生泄漏事故，锅炉发生超压事故为三级响应。锅炉房主任担任指挥，公司安全管理科、锅炉房进行响应，其他部门进行配合。

2.2.6　应急处置原则

2.2.6.1　锅炉本体发生超压爆炸事故或锅炉炉膛发生爆炸事故时处置原则

（1）布置现场安全警戒，保证现场救援井然有序，保证现场道路通畅，禁止无关人员及车辆通行。

（2）在现场处置时首先抢救受伤人员，同时确保救灾人员自身安全。

（3）及时有效地控制事故向周边地带蔓延。

（4）立即切断锅炉房的燃油、燃气及动力电源供应，防止发生次生灾害。

（5）通知相关车间（或分厂、工段）做好断汽的处置工作。

（6）处置过程中相关物品不得移动。如为救人确实需要移动物品，移动时要做好记录。

2.2.6.2　锅炉因电气故障发生火灾事故或锅炉燃油、燃气管道泄漏引起的火灾事故处置原则

（1）布置现场安全警戒，保证现场道路通畅。

（2）在现场处置时首先抢救受伤人员，同时确保救灾人员自身安全。

（3）及时有效地控制火灾向周边地带蔓延。

（4）立即切断锅炉房的燃油、燃气及动力电源供应，防止发生次生灾害。

（5）用干粉灭火器进行灭火，严禁用水管进行灭火。

（6）通知相关车间（或分厂、工段）做好断汽的处置工作。

2.2.6.3　锅炉本体发生变形、损毁事故、锅炉给水、蒸汽管道发生泄漏事故，锅炉发生超压事故的处置原则

（1）加快放渣速度，快速把渣火放出，同时用湿炉渣、砂土等压灭炉火，并打开所有炉

门降温。

（2）锅炉本体发生变形、损毁事故、锅炉发生超压事故时应通过向外供汽等方式进行降压；同时停掉给水泵电源，防止给水遇炉火产生蒸汽对炉墙造成损坏。

（3）锅炉给水管道发生泄漏事故时，应首先停止给水泵，同时防止锅炉发生超压、缺水事故；锅炉蒸汽管道发生泄漏事故时，应关闭锅炉分汽包上的阀门，停止向外供汽。

（4）立即切断该锅炉的燃油、燃气供应。

（5）在现场处置时要确保处置人员自身安全。

2.2.7　事故调查与处理

2.2.7.1　事故调查的分级

（1）锅炉本体超压发生爆炸事故和锅炉炉膛发生爆炸事故由当地市场监督管理部门组织事故调查组进行调查，公司安全管理科、锅炉房配合调查。事故调查组有权向使用单位和个人了解与事故有关的情况，并要求其提供相关文件、资料，单位和个人不得拒绝，并应当如实提供设备及事故相关的情况或者资料，回答事故调查组的询问，对所提供情况的真实性负责。

事故发生单位的负责人和有关人员在事故调查期间不得擅离职守，应当随时接受事故调查组的询问，如实提供有关情况或者资料。

事故调查应当自事故发生之日起 60 日内结束。事故调查报告应当包括下列内容：①事故发生单位情况；②事故发生经过和事故救援情况；③事故造成的人员伤亡、设备损坏程度和直接经济损失；④事故发生的原因和事故性质；⑤事故责任的认定以及对事故责任者的处理建议；⑥事故防范和整改措施；⑦有关证据材料。事故调查报告应当经事故调查组全体成员签字。事故调查组成员有不同意见的，可以提交个人签名的书面材料，附在事故调查报告内。

（2）锅炉因电气故障发生火灾事故、锅炉燃油燃气管道泄漏引起的火灾事故、锅炉本体发生变形损毁事故、锅炉给水管道蒸汽管道发生泄漏事故由公司组织事故调查组进行调查，总经理为事故调查组长，安全副总为副组长，公司安全管理科、技术科、设备科、锅炉房配合调查。事故调查组有权向个人了解与事故有关的情况，并要求其提供相关文件、资料，任何人不得拒绝，并应当如实提供设备及事故相关的情况或者资料，回答事故调查组的询问，对所提供情况的真实性负责。

公司事故调查报告应参照上述事故调查报告格式在规定期限内完成。

2.2.7.2　事故处理

（1）公司接到市场监督管理部门事故调查报告后，应根据事故调查报告的要求，按照"三不放过"的原则进行处理，即事故责任人员未受到处理不放过、职工未受到教育不放过、整改措施未落实到位不放过。根据事故调查报告的要求，对责任人员进行处理，进一步提高各类人员的责任心；教育广大职工吸取事故教训，举一反三，不断提高安全意识；结合公司管理的实际需要，研究制订有针对性的改进措施，以防止和减少类似事故的发生。

（2）公司事故调查报告出具后，应在公司范围内进行广泛的宣传、教育，同时根据事故处理原则，对责任人员进行处理，进一步提高各类人员的责任心；教育广大职工吸取事故教训,举一反三,不断提高安全意识;结合公司管理的实际需要,研究制订有针对性的改进措施,以防止和减少类似事故的发生。

2.2.8 事故演练

锅炉事故应急预案每年至少进行一次事故演练,一、二、三级响应可在不同年份进行,同时应做好演练记录,查找演练中存在的问题,不断进行总结提高。

2.3 锅炉安全管理记录

锅炉检查记录主要用来记录锅炉房的各项活动,使各项管理活动有据可查,便于追踪,从而为锅炉的安全运行打下良好基础。

2.3.1 司炉工交接班记录

司炉工交接班记录主要记录交接班时锅炉运行工况、辅机运行工况、自控仪表的工作情况、设备存在缺陷、燃料储量、软水储量等方面内容,详见表2-1。

表2-1 司炉工交接班记录 日期:

序号	项目	交接情况	备注
1	锅炉运行工况		
2	安全附件和辅机的运行工况		
3	自控仪表的工作情况		
4	设备的缺陷情况		
5	锅炉发生的特殊情况(如事故、检修等情况)		
6	燃料质量和储量		
7	软水储量		
8	锅炉排污情况		
9	锅炉房的工具		
10	设备、厂房的清洁和保养情况		
11	其他情况		

交班人: 接班人:

注:对于热载体炉,软水储量应改为高位罐液位。

2.3.2 水质化验人员交接班记录

水质化验人员交接班记录主要记录水处理设备运行情况、除氧器运行情况、软化水存量、化验试剂存量、软水药剂存量、交班人、接班人等方面内容,详见表2-2。

表 2-2　水质化验人员交接班记录　　　　　日期：

序号	项目	交接情况	备注
1	水处理设备运行情况		
2	锅炉炉水质量		
3	软化水存量、质量情况		
4	除氧器运行情况		
5	化验试剂存量		
6	软水药剂存量		
7	化验间、化验仪器保洁情况		
8	其他情况		

交班人：　　　　　　　　　接班人：

2.3.3　锅炉房巡回检查记录

锅炉房巡回检查记录主要记录锅炉安全运行情况、辅机安全运行情况、检查时间、检查人等方面内容，详见表 2-3。

表 2-3　锅炉房巡回检查记录　　　　　日期：

时间\项目	锅炉水位	锅炉压力	燃烧情况	除氧器水位	受压部件泄漏	人孔、手孔泄漏	蒸汽流量	锅炉仪表	辅机运转	检查人
0										
2										
4										
6										
8										
10										
12										
14										
16										
18										
20										
22										
24										

记事：

注：对于热载体炉，锅炉水位应改为高位罐液位；除氧器水位、蒸汽流量两项应删除。

2.3.4 锅炉设备维修保养记录

锅炉设备维修保养记录主要记录各设备维修保养的项目、维保人、验收人等方面内容,详见表2-4。

表 2-4　锅炉设备维修保养记录　　　　　　日期:

序号	维修保养项目	报修人	维保人	验收人	备注
1	运转机械加油				
2	安全附件				
3	自控仪表				
4	给水设备				
5	通风设备				
6	输煤设备				
7	出渣设备				
8	软水设备				
9	除氧设备				
10	除尘设备				
11	燃烧设备				
12	锅炉本体				
13	油气管道				
14	其他设备				

记事:

注:对于热载体炉,给水设备应改为循环泵,除氧设备应删除。

2.3.5 锅炉水质化验记录

锅炉水质化验记录主要记录软化水和锅水的化验项目、化验时间、化验结果、化验人等方面内容,详见表2-5。

2.3.6 锅炉房卫生检查记录

锅炉房卫生检查记录主要记录卫生检查区域、各区域责任人、检查人、实际卫生状况等方面内容,详见表2-6。

表 2-5　锅炉水质化验记录　　　　日期：

时间项目	软化水						锅水								化验人
	浊度（FTU）	硬度（mmol/L）	pH值（25℃）	溶解氧（mg/L）	油（mg/L）	全铁（mg/L）	电导率（μS/cm）	全碱度（mmol/L）	酚酞碱度（mmol/L）	pH值（25℃）	电导率（μS/cm）	溶解固形物（mg/L）	磷酸根（mg/L）	亚硫酸根（mg/L）	相对碱度	
0																
2																
4																
6																
8																
10																
12																
14																
16																
18																
20																
22																
24																

记事：

表 2-6　锅炉房卫生检查记录　　　　检查日期：

区域	责任人	检查人	卫生状况	备注
锅炉房内部				
辅机间				
除氧间				
软水间				
化验间				
通风设备区				
输煤设备区				
出渣设备区				
除灰设备区				
煤场				
渣场				
油气管道				
其他区域				

记事：

注：对于热载体炉，除氧间、软水间、化验间三项应删除，增加热载体储罐区域一项。

2.3.7　锅炉事故记录

锅炉事故记录主要记录事故设备信息、事故发生时间、事故性质、经济损失、设备修复情况、预防措施、事故原因、责任人及处罚措施等方面内容,详见表2-7。

表 2-7　锅炉事故记录　　　　　　　　日期:

序号	项目	内容	备注
1	锅炉型号		
2	设备代码		
3	使用证号		
4	报告人		
5	事故性质		
6	发生时间		
7	采取措施		
8	经济损失		
9	修复措施		
10	修复时间		
11	修复人		
12	预防措施		
13	事故原因		
14	责任人		
15	处罚措施		

记事:

2.3.8　锅炉启动前安全检查记录

锅炉启动前安全检查记录主要记录锅炉各部分启动前检查情况、检查人等方面内容,详见表2-8、表2-9。

表 2-8 水介质锅炉启动前安全检查记录 检查日期：

序号	检查区域	检查情况	检查人	备注
1	锅炉本体			
2	省煤器			
3	炉膛			
4	烟道			
5	燃烧器(炉排)			
6	自控仪表			
7	安全附件			
8	除氧器			
9	软水器			
10	化验设施			
11	通风设备			
12	输煤设备			
13	出渣设备			
14	除灰设备			
15	油气管道			
16	分汽缸			
17	其他设施			

记事：

表 2-9 热载体介质锅炉启动前安全检查记录 检查日期：

序号	检查区域	检查情况	检查人	备注
1	锅炉本体			
2	炉膛			
3	烟道			
4	燃烧器(炉排)			
5	安全附件			
6	自控仪表			
7	高位储罐			
8	低位储罐			
9	高温热载体管道			

序号	检查区域	检查情况	检查人	备注
10	低温热载体管道			
11	连接管道			
12	通风设备			
13	输煤设备			
14	出渣设备			
15	除灰设备			
16	油气管道			
17	热载体分配装置(分油缸)			
18	热载体检测结果			
19	其他设施			

记事:

2.3.9 锅炉停炉保养记录

锅炉停炉保养记录主要记录锅炉型号、预计停炉时间、保养方法、保养措施、保养人等方面内容,详见表 2-10。

表 2-10 锅炉停炉保养记录　　　　　日期:

锅炉型号		内部编号	
设备代码		使用证号码	
预计停炉时间		保养方法	

保养措施:

　　　　　　　　　　　　　　　保养人:

记事:

2.3.10 锅炉事故应急预案演练记录

锅炉事故应急预案演练记录主要记录演练项目、响应级别、演练指挥、参与部门、参加人员、演练过程、存在问题等方面内容,详见表 2-11。

表 2-11　锅炉事故应急预案演练记录　　　　日期：

演练项目		响应级别	
演练指挥		参与部门	
参加人员：			
演练过程：			
存在问题：			
记事：			

2.3.11　锅炉节能减排记录

　　锅炉节能减排记录主要记录燃料消耗量、蒸汽压力、蒸汽温度、蒸汽产出量、电能消耗量、给水消耗量等内容,详见表 2-12。

表 2-12　锅炉节能减排记录　　　　日期：

序号	项目	上次读数	本次读数	结果	备注
1	电能表				
2	燃煤称重机				
3	燃油流量计				
4	燃气流量计				
5	给水流量计				
6	蒸汽流量计				
7	蒸汽压力				
8	蒸汽温度				
9	氧量计				
10	排烟温度计				
11	NO_x 测量仪				
12	室内温度计				

第3章　压力容器的安全与防控管理

压力容器是一种具有爆炸危险的特种设备,按用途主要可分为四类,即反应容器、储存容器、分离容器、换热容器等,介质种类多种多样,如高温、低温、酸性、碱性、剧毒、易燃等,所以压力容器的安全与防控管理也是承压类特种设备安全管理的一个重要环节。

3.1　压力容器管理制度

3.1.1　操作人员岗位责任制

压力容器操作人员应履行以下职责:

(1)按照安全操作规程的规定,正确操作使用压力容器。

(2)认真填写操作记录、工艺参数记录或运行记录。

(3)做好压力容器的维护保养工作(包括停用期间对容器的维护),使压力容器经常保持良好的技术状态。

(4)经常对压力容器的运行情况进行检查,当发现操作条件不正常时应及时进行调整,若遇到紧急情况应按规定采取应急处理措施并及时向分厂(车间、工段)、公司特种设备安全管理科报告。

(5)对任何有害压力容器安全运行的违章指挥,应拒绝执行。

(6)努力学习业务知识,不断提高操作技能;对自己操作容器的结构、介质、工作压力、工作温度等应熟练掌握。

(7)快开门式压力容器的操作人员应持证上岗。

3.1.2　分厂主任(车间主任、工段长)岗位责任制

分厂主任(车间主任、工段长)是公司的基层管理者,对单位的压力容器的安全使用负有直接领导责任,其主要职责如下:

(1)认真组织容器操作人员学习国家有关压力容器的各种安全技术法规,并认真贯彻执行。

(2)对容器操作人员、维修人员组织技术培训,有持证要求的岗位操作人员应持证上岗。

(3)参与制定分厂(车间、工段)压力容器的各项规章制度,与容器操作人员签订安全目标责任书。

(4)传达贯彻特种设备安全监督管理部门下达的安全指令,并把安全隐患的整改措施落实到位。

(5)对分厂(车间、工段)各项规章制度实施情况进行检查,每周不少于一次;重点检

查运行记录、交接班记录及容器实际运行状况。

(6)督促检查压力容器设备的维护保养和定期检验计划的实施情况。

(7)解决压力容器操作人员提出的安全问题,如不能解决应及时向公司安全管理科或公司领导报告。

(8)定期开展压力容器设备应急预案的演练。

(9)负责分厂(车间、工段)容器各类隐患、事故汇总上报工作。

(10)容器发生重大事故时,及时向公司安全管理科、公司领导及特种设备安全监督管理部门报告。

3.1.3　压力容器的安全运行管理制度

压力容器的安全运行管理主要有以下几方面的要求:

(1)压力容器操作人员必须经过技术培训,方可独立承担压力容器的操作。

(2)快开门式压力容器的操作工、移动式压力容器的充装工必须分别取得特种设备安全监督管理部门颁发的《特种设备操作人员证》(R1、R2)后,方可独立上岗操作。

(3)压力容器操作人员要熟悉本岗位的工艺流程,以及有关容器的结构、类别、主要技术参数和工艺性能,严格按操作规程操作。掌握一般事故的处理方法,认真填写有关记录。

(4)压力容器要平稳操作。容器开始加压时,速度不易过快,要防止压力的突然上升。高温容器或工作温度低于 0 ℃的容器,加热或冷却都应缓慢进行。尽量避免操作中压力的频繁和大幅度波动,避免运行中容器温度的突然变化。

(5)压力容器严禁超温、超压运行。实行压力容器安全操作挂牌制度或装设连锁装置防止误操作。应密切注意减压装置的运行情况。装料时避免过急过量,液化气体严禁超量装载,并防止意外受热。随时检查安全附件的运行情况,保证其灵敏可靠。

(6)严禁带压拆卸压力容器上的螺栓。

(7)坚持容器运行期间的巡回检查,及时发现操作中或设备上出现的不正常状态,并采取相应的措施进行调整或消除。检查内容应包括工艺条件、设备状况及安全装置等。

(8)正确处理紧急情况。压力容器运行过程中,当工艺参数超过容器许可参数时,应采取紧急停运,关闭进口阀门、打开泄压阀门或开启喷淋降温等措施,使容器运行参数回归正常,同时将上述情况向单位领导及公司安全管理部门报告。

3.1.4　压力容器安全操作制度

压力容器应严格按照安全操作制度的规定进行操作。容器投用前应做好各项准备工作;容器运行中要加强对工艺参数的控制;容器停止运行时应进行正确操作。具体要求如下:

(1)压力容器的投用。压力容器投用前要做好如下准备工作:对容器及其装置进行全面检查,检查容器及其装置的设计、制造、安装、检修等质量是否符合国家有关技术法规和标准的要求,检查容器技术改造后的运行是否能保证预定的工艺要求,检查安全装置是否齐全、灵敏、可靠以及操作环境是否符合安全运行的要求。

编制压力容器的启动方案,呈请有关部门批准;操作人员应了解设备状况,熟悉工艺流程和工艺条件,认真检查本岗位压力容器及安全附件的完善情况,在确认容器具备启动条件后,才能投入运行。

(2)压力容器的投运过程中,要严格按工艺参数的要求进行操作。在吹扫、投料试运行时,操作人员应与检修人员密切配合,检查整个系统畅通情况和严密性,检查压力容器、机泵、阀门及安全附件是否处于良好状态;当升温到规定温度时,应对容器及其管道、阀门、附件等进行恒温热紧。

(3)压力容器进料。压力容器及其装置在进料前要关闭所有的放空阀,在进料过程中操作人员要沿工艺流程线路跟随物料进程进行检查,防止物料泄露或走错流向。在调整工况阶段,应注意检查阀门的开启度是否合适,并密切注意运行参数的细微变化。

(4)容器使用压力和使用温度的控制。压力和温度是压力容器使用过程中的两个主要工艺参数。使用压力的控制要点主要是控制其不超过最高工作压力;使用温度的控制要点主要是控制其极端的工作温度,高温下使用的压力容器,主要控制其最高工作温度;低温下使用的压力容器,主要控制其最低工作温度,应按照容器规定的操作压力和操作温度进行操作,严禁盲目提高工作压力。

对连锁装置实行安全操作挂牌制度,以防止操作失误。对于反应容器,必须严格按照规定的工艺要求进行投料、升温、升压和控制反应速度,注意投料顺序,严格控制反应物料的配比,并按照规定的顺序进行降温、卸料和出料。

(5)盛装液化气体的压力容器,应严格按规定的充装量进行充装,以保证在设计温度下容器内部存在气相空间;充装所用的全部仪表量具如压力表、磅秤等都应按规定的量程和精度选用;容器还应防止意外受热。

盛装易于发生聚合反应的碳氢化合物的容器,为防止物料发生聚合反应而使容器内气体急剧升温而压力升高,应该在物料中加入相应的阻聚剂,同时限定这类物料的储存时间。

(6)介质腐蚀性的控制。在操作过程中介质的工艺条件对容器的腐蚀有很大的影响,因此必须严格控制介质的成分、流速、温度、水分及 pH 值等工艺指标,以减小腐蚀速度,延长容器的使用寿命。

(7)交变载荷的控制。压力容器使用过程中工艺参数应尽量做到升降平稳,尽量避免突然停车,同时应当尽量避免不必要的频繁加压和泄压。对要求压力、温度稳定的工艺过程,则要防止压力的急剧升降,使操作工艺指标稳定。对于高温压力容器和低温压力容器,应尽可能减缓温度的突变,以降低热应力。

(8)正常停止运行。压力容器及其设备的停工过程是一个变操作参数过程,在较短的时间内容器的操作压力、操作温度、液位等不断发生变化,需要进行切断物料、放出物料、容器及设备吹扫、置换等大量工作。为保证停工过程中操作人员能安全合理地操作,保证容器设备、管线、仪表等不受损坏,首先应编制停工方案。

停工方案应包括的内容有:停工周期(包括停工时间和开工时间;停工操作的程序和步骤;停工过程中控制工艺变化幅度的具体要求;容器及设备内剩余物料的处理、置换清洗及必须动火的范围;停工检修的内容、要求组织措施及有关制度。停工方案报主管领导审批通过后,操作人员必须严格执行。

容器停止运行过程中,操作人员应严格按照停工方案进行操作。同时要注意:对于高温下工作的压力容器,应控制降温速度,因为急剧降温会使容器壳壁产生疲劳现象和较大的收缩应力,严重时会使容器产生裂纹、变形、零件松脱、连接部位发生泄漏等现象,以致造成重大事故;对于储存液化气体的容器,由于容器内的压力取决于温度,所以必须先降温,才能实施降压;停工阶段的操作应更加严格、准确,如开关阀门操作动作要缓慢、操作顺序要正确;应清除干净容器内的残留物料,对残留物料的排放与处理应采取相应的措施,特别是可燃物、有毒气体应排至安全区域;停工操作期间,容器周围应杜绝一切火源。

(9)紧急情况下的停止运行。压力容器在运行过程中,如果突然发生故障,严重威胁设备和人身安全时,操作人员应立即采取紧急措施,停止该容器运行,并按规定的报告程序,及时向有关部门报告。

压力容器运行中遇有下列情况时应立即停止运行:容器的工作压力、介质温度或器壁温度超过许用值,采取措施仍不能得到有效控制;容器的主要承压部件出现裂缝、鼓包、变形、泄露等危及安全的缺陷;容器的安全装置失效,连接管断裂,紧固件损坏,难以保证安全运行;发生火灾直接威胁到容器的安全运行;容器液位失去控制,采取措施仍不能得到有效控制;高压容器的信号孔或警告孔泄露。

压力容器紧急停止运行的操作:首先,迅速切断电源,使向容器内输送物料的运转设备停止运行,同时联系有关岗位停止向容器内输送物料;然后迅速打开出口阀,泄放容器内的气体或其他物料,使容器压力下降,必要时打开放空阀,把气体排入大气中;对于系统性连续生产的压力容器,紧急停止运行时必须与前后有关岗位相联系,以便有效地控制险情,避免发生更大的事故。

3.1.5 压力容器安全检查制度

压力容器安全检查一般每月进行一次,检查的内容主要包括工艺参数、设备状况以及安全装置等,具体要求如下。

3.1.5.1 工艺参数等方面的检查

主要检查操作压力、操作温度、液位是否在安全规定的范围内;检查工作介质的化学成分,特别是那些影响容器安全(如产生腐蚀,使压力、温度升高等)的成分是否符合要求。

3.1.5.2 设备状况方面的检查

主要检查压力容器各连接部位有无泄露、渗漏现象;容器有无明显的变形、鼓包;容器有无腐蚀以及其他缺陷;容器及其连接管道有无振动、磨损等现象;基础和支座是否松动,基础有无下沉不均匀现象,地脚螺栓有无腐蚀等。

3.1.5.3 安全装置方面的检查

主要检查安全装置以及与安全有关的器具(如温度计、压力表及流量计等)是否保持完好状态。检查内容有:压力表的取压管有无泄漏或堵塞现象;弹簧式安全阀是否有锈蚀、被油污黏结等情况,杠杆式安全阀的重锤有无移动的迹象,以及冬季气温过低时,装置在室外露天的安全阀有无冻结的迹象等;安全装置和计量器具是否在规定的检定周期内,其精确度是否符合要求;连锁保护装置是否可靠等。

3.1.6　压力容器年度检查制度

为加强压力容器的安全管理,一般每年应进行一次年度检查,为此特制定年度检查制度如下:

(1)检查压力容器台账与实物是否一致。

(2)检查压力容器《使用登记证》《使用登记表》与台账是否一致。

(3)检查压力容器安全管理制度是否齐全。管理制度一般应包括使用登记制度、使用(运行)管理制度、维护保养制度、定期检验制度、定期安全检查制度、安全附件管理制度、容器事故报告与处理制度、应急专项预案等。

(4)检查容器档案资料是否齐全。一般应包括容器出厂资料(图纸、质量证明书、安装使用说明书、监督检验证书)、安装资料、改造修理资料(包括安装、修理、改造监检证书)等。

(5)检查容器各种记录是否齐全。一般包括维护保养记录、运行记录、定期安全检查记录、年度检查记录、定期检验报告、应急演练记录、事故记录等。

(6)检查容器本体外观是否存在异常,如裂纹、过热、变形、泄漏、机械损伤、腐蚀、振动等异常现象。

(7)检查容器基础有无下沉、倾斜、开裂,支撑有无损坏,密封面是否泄漏,紧固件是否齐全。

(8)检查容器接管有无泄漏、振动,隔热层有无破损、脱落、结露、结霜等。

(9)检查容器运行期间有无超压、超温、超装等现象。

(10)对非金属衬里压力容器,应检查衬里有无破损。

(11)对纤维增强压力容器,应检查纤维有无损伤、开裂。

(12)检查容器安全附件及控制仪表是否齐全、完好,如安全阀、压力表、液位计、温度计、爆破片,以及监控装置、安全连锁装置等。

3.1.7　压力容器的维护保养制度

容器的维护保养工作主要包括以下几个方面的内容:

(1)保持完好的防腐层。

要经常检查防腐层有无自行脱落,检查衬里是否开裂或焊缝处是否有渗漏现象。发现防腐层损坏时,即使是局部的,也应该经过修补等妥善处理后才能继续使用。装入固体物料或安装内部附件时,应注意避免刮落或碰坏防腐层。带搅拌器的容器,应防止搅拌器叶片与器壁碰撞。内装填料的容器,填料应分布均匀,防止流体介质运动的偏流磨损。注意保温层下和支座处的防腐。

(2)消灭容器的"跑、冒、滴、漏"。

"跑、冒、滴、漏"不仅浪费原料和能源,污染环境,恶化操作条件,还常常造成设备的腐蚀,严重时还会引起容器的破坏事故。因此,应经常检查容器的紧固件和密封状况,保持完好,防止产生"跑、冒、滴、漏"。

(3)做好安全装置维护保养。

应使压力容器安全装置始终保持灵敏准确、使用可靠状态。应定期进行检查、试验和校正,发现不准确或不灵敏时,应及时检修和更换。容器上安全装置不得任意拆卸或关闭不用。没有按规定装设安全装置的容器不能投用。

(4)减少与消除压力容器的振动。

风载荷的冲击或机械振动的传递,有时会引起容器的振动,这对容器的抗疲劳性是非常不利的。因此,当发现容器存在较大振动时,应采取适当的措施,如割裂震源,加强支撑装置等,以消除或减轻容器的振动。

(5)停止运行尤其是长期停用的容器。

一定要将其内部介质排除干净,特别是腐蚀性介质,要经过排放、置换、清洗、吹干等技术处理。要注意防止容器的"死角"内积存腐蚀性介质。

(6)要经常保持容器的干燥和清洁。

为防止大气腐蚀,要经常把散落在上面的灰尘、灰渣及其他污垢擦洗干净,并保持容器及周围环境的干燥。

3.1.8　压力容器的设备完好制度

压力容器设备是否处于完好状态,主要从下列几个方面进行衡量:

(1)容器的各项操作性能指标符合设计要求,能满足正常生产要求。

(2)使用中运转正常,易于平稳地控制各项参数。

(3)密封性能良好,无泄漏现象。

(4)带搅拌装置的容器,其搅拌装置运转正常,无异常的振动和杂音。

(5)带夹套的容器,加热或冷却其内部介质的功能良好。

(6)换热器无严重结垢。管列式换热器的胀口和焊口、板式换热器的板间、各种换热器的法兰连接处均能密封良好,无泄漏、渗漏。

(7)安全装置、附属装置、仪器仪表完整,质量符合设计要求。

(8)容器本体整洁,油漆、保温层完整,无严重锈蚀和机械损伤。

(9)有衬里的容器,衬里完好,无渗漏及鼓包。

(10)阀门及各类可拆连接处无"跑、冒、滴、漏"现象。

(11)基础牢固,支座无严重锈蚀,外管道情况正常。

(12)容器所属安全装置、指示及控制装置齐全、灵敏、可靠,紧急放空设备部件齐全、开关灵活、管道畅通。

(13)各类技术资料齐全、准确,有完整的设备技术档案。

(14)容器在规定期限内进行了定期检查,安全附件定期进行了调校和更换。

3.1.9　压力容器交接班制度

压力容器交接班制度是压力容器管理的一项重要制度,全体人员必须认真执行。作业人员交接班时,应对下列内容进行交接:

(1)交接压力容器的运行工况及运行记录。

（2）交接压力容器所发生的特殊情况（如事故、检修、泄漏等情况）。

（3）交接设备的缺陷等问题。

（4）交接压力容器安全附件、仪表的运行情况。

（5）交接各种阀门的变化情况和自控仪表的工作情况。

（6）交接设备、厂房的清洁和保养情况。

（7）交接班的其他情况。

3.1.10　压力容器改造、维修管理制度

为保证压力容器的改造、维修质量，保证压力容器安全运行，特制定本制度：

（1）压力容器改造、维修的施工单位必须具有相应的压力容器制造资质。

（2）压力容器改造的图纸必须经过具有相应的压力容器设计资质的单位予以确认。

（3）压力容器改造、维修施工前应到当地特种设备安全监督管理部门办理《特种设备安装、改造、维修告知书》。

（4）压力容器改造、维修施工单位必须具有施工方案。

（5）压力容器改造、维修施工前，应到特种设备监督检验机构办理监督检验申请。

（6）压力容器改造、维修的施工人员必须具有响应的资质，如焊接人员、无损检测人员等。

（7）压力容器改造、维修施工完成后，应经使用单位组织的人员进行验收，通过特种设备监督检验机构的监督检验。

（8）压力容器改造、维修施工完成后，施工单位应将容器改造、维修的施工资料（包括监督检验证书）交使用单位保管。

3.1.11　压力容器安装、改造、维修竣工验收制度

压力容器安装、改造、维修的竣工必须符合下列条件：

（1）压力容器安装、改造、维修的施工单位必须具有施工方案。

（2）压力容器安装、改造、维修的施工单位应具有详细的施工记录。

（3）压力容器安装、改造、维修的施工质量必须符合相关安全法规的要求。

（4）大型压力容器安装、改造、维修的施工过程中，使用单位应指定专业人员进行质量检查。

（5）压力容器安装、改造、维修的施工完成后，应经使用单位组织的人员进行验收，内容包括施工质量、施工资料等。

（6）压力容器安装、改造、维修的施工完成后，施工单位应将容器安装、改造、维修的施工资料交使用单位保管。

3.1.12　压力容器采购管理制度

压力容器的采购应符合下列要求：

（1）压力容器的采购一般由设备或扩建部门提出，报公司设备主管经理审批，由设备或扩建部门进行实施。

（2）采购的压力容器制造单位应具有相应的压力容器制造许可证。

（3）压力容器的采购合同应注明型号、价格、交货地点，以及容器的技术参数要求，如结构形式、压力、温度、介质、体积、安全附件等；还应注明容器的出厂资料要求，如图纸、强度计算书、质量证明书、安装使用说明书、监督检验报告等。

（4）压力容器的采购合同应经过合同评审，参加人员一般应包括采购、技术、工艺、设备、财务等方面人员。

（5）压力容器进场后，采购主管部门应组织有关人员进行验收，检查实物与合同要求是否一致，产品质量是否符合国家相关标准要求。

（6）容器验收完成后，应填写设备验收单，交设备主管部门存档。

3.1.13　压力容器报废管理制度

压力容器的报废应符合下列条件：

（1）当压力容器使用一定年限，容器不能满足使用要求或安全要求时，应予以报废。

（2）压力容器的报废一般应由容器使用的分厂（车间或工段）提出，报送到公司设备管理部门，同时提出新购置设备规格、型号、制造单位等方面信息。

（3）压力容器报废前，应由公司设备管理部门或特种设备检验部门确认该容器存在重大缺陷、超过设计使用年限且不具有修理价值，同时出具书面确认资料。

（4）压力容器的报废、新设备的购置应经公司主管经理批准。

（5）新设备进场并经检查合格后，方可安排对报废设备进行更换。

（6）对报废的压力容器应进行消除其使用性能的处理。

3.1.14　压力容器启动管理制度

压力容器启动应符合下列条件：

（1）压力容器操作人员应经过安全培训并考核合格。

（2）容器启动前的准备工作：所有的管道、设备都清洗置换合格，具备接料条件。

（3）水、电、原料气、蒸汽等公用工程具备随时可用条件。

（4）所有阀门、盲板及安全设施处于正确的开车使用状态，并经专人确认完毕。

（5）开车过程：首先引入公用工程，尤其在引入蒸汽时，应先注意暖机，以免造成水击；然后按照各个装置的具体情况，进行升温、升压、建立循环等操作，升温过程一般不能超过 50 ℃/h，升压一般不超过 2.0 MPa/h。

（6）对于加热炉等设施，应事先进行烘炉，烘炉之后的启动应有升温、恒温，再升温、恒温的过程。

（7）启动过程中，操作人员应时刻关注各容器压力、温度、液位、流量、异常响声等，如发现异常情况，应立即报告部门领导。

（8）启动过程中，机、电、仪等辅助人员要随时待命。

（9）容器设备的压力、温度参数升至正常工作参数并稳定 2 h 后，启动过程结束，转入正常运行。

3.1.15 压力容器停用管理制度

压力容器停用前应进行以下处理：

(1)停止运行尤其是长期停用的容器,应将其内部介质排除干净;特别对腐蚀性介质,要进行排放、置换、清洗、吹干;注意防止容器的"死角"中积存腐蚀介质。

(2)保持容器内部干燥和洁净,清除内部的污垢和腐蚀产物,必要时在容器内部放置干燥剂或充入惰性气体,并进行密封。

(3)修补防腐层的破损处。

(4)在压力容器外壁涂刷油漆,防止大气腐蚀;还应注意保温层下和支座处的防腐等。

(5)对容器的安全附件、阀门、液位计等应进行拆除,并进行维护保养。

(6)对容器的其他附属设施,如支座、爬梯、顶棚等,应进行防腐、维护保养处理。

3.1.16 压力容器的紧急停用制度

压力容器出现下列情况时,应进行紧急停用:

(1)压力容器工作压力、介质温度或壁温超过许用值,采取措施后仍不能得到有效控制。

(2)压力容器的主要受压元件出现裂缝、鼓包、变形、泄漏等危及安全的缺陷。

(3)安全附件失效。

(4)接管、紧固件损坏,难以保证安全运行。

(5)发生火灾直接威胁到压力容器安全运行。

(6)容器过量充装。

(7)压力容器液位失去控制,采取措施后仍得不到有效控制。

(8)高压容器的信号孔或警告孔泄露。

(9)压力容器发生严重振动,危及安全运行。

紧急停止运行的操作步骤是:

(1)迅速切断电源,停止向容器内输送物料的运转设备,如泵、压缩机等。

(2)联系有关岗位操作人员停止向容器内输送物料。

(3)迅速打开出口阀,泄放容器内的气体或其他物料。

(4)必要时打开放空阀,把气体排出。

(5)对于系统性连续生产的压力容器,紧急停止运行时必须做好与前后有关岗位的联系工作。

(6)操作人员在处理紧急情况的同时,应立即与部门领导及公司安全管理人员取得联系,以便更有效地控制险情,避免发生更大的事故。

3.1.17 低温容器安全使用管理制度

低温容器是一种专门用于储存和供应低温液化气体(如液化天然气 LNG、液氮、液氧、液氩、液体二氧化碳等)的夹套式真空绝热压力容器。这些低温液体具有较低沸点、

较大膨胀性、较强窒息性和强氧化性,为此特做出如下规定:

(1)安装场所必须具有良好的通风条件或设有换气通风装置,并能安全排放液体、气体;安装场所位于室内时必须设有安全出口,出口周围应设有安全标志。

(2)容器安装时必须设有导出静电的接地装置和防止雷击装置;防静电接地电阻≤10 Ω,防雷击装置最大接地电阻≤30 Ω。

(3)低温容器的充满率<95%,严禁过量充装。

(4)低温容器在短时间停用时,不要将罐内液体排完,按中断时间长短留20%左右的液体,以减少重新充灌时的蒸发损失。

(5)低温容器上各种阀门、仪表、安全装置必须齐全、灵敏可靠;压力表必须是禁油压力表;安全阀、防爆装置的材质应选用奥氏体不锈钢,且必须进行脱脂去油处理。

(6)压力表、安全阀应定期进行校验。

(7)操作人员工作时应戴上干净易脱的皮革、帆布或棉手套,不得穿着有静电效应的化纤服装,不得穿着有钉鞋。

(8)阀门的启闭应缓慢,防止太快太猛;阀门不可拧得过紧,以免损坏阀门密封或人为降低阀门寿命;阀门低温下冻结时,应用热水浇后再松动,严禁用铁锤敲打、火烤或电加热。

(9)当低温容器外表面有明显的大面积结露时,应停止使用,及时查明原因。

(10)如发现低温容器压力上升异常,应尽快排放液体并进行检修。

(11)发现低温容器有微量泄漏时,应及时检修处理。容器泄漏严重时,操作人员及周围工作人员应立即撤离,同时报告公司特种设备管理人员及分厂(车间、工段)领导。

(12)低温容器周围发生火灾时,若周围温度可能加速液体汽化,可使用冷却水喷射到容器外壳上进行降温。

(13)低温容器每年应进行一次夹套真空度测量,真空度低于标准规定时应及时进行检修。

3.1.18　气瓶使用管理制度

按照《气瓶安全技术规程》(TSG 23—2021)的要求,特制定如下制度:

(1)气瓶是自有产权的,应定期进行检验,检验合格后方可使用。

(2)对于租赁气瓶,应注意在气瓶上的下次检验日期前使用,不得超期使用。

(3)气瓶应定点充装,充装站应具有相应的气体充装资格,并定期进行合格供方评价。

(4)气瓶运输时,气瓶上部应设有防晒棚,避免日光暴晒,同类气体或不发生反应的气体可以同车运输,否则应分车运输;气瓶瓶帽、防振圈、防护罩等应装设齐全,装卸过程中应轻取轻放,严禁野蛮装卸。

(5)气瓶存放时,仓库应单独设置,不得设置在地下室、半地下室;同类气体或不发生反应的气体可以同室存放,否则应分室存放;空瓶与重瓶应分区存放。

(6)场内移动气瓶时,应使用气瓶转运车运送,不得拖扯、滚动;可能发生反应的气体应分车转运,以防发生燃烧或爆炸事故。

（7）气瓶使用部门在使用前应检查充装合格标志等，严禁使用无标志气瓶、超期未检气瓶、报废气瓶。

（8）气瓶使用人员应接受安全使用培训，考核合格后方能上岗；出现异常情况时，应在关闭瓶阀后撤离现场。

（9）报废气瓶应消除其使用功能后，方可作为废料进行处置。

（10）气瓶使用过程中若发现泄漏、燃烧、爆炸等情况，应按照压力容器事故应急预案进行处理。

3.1.19　气瓶充装管理制度

根据气瓶安全管理的需要，特做出如下规定：

（1）新购置气瓶的制造单位应具有制造许可证，气瓶出厂应有合格证、监督检验证书等资料。

（2）自有气瓶应定期进行检验，检验合格后方可继续使用。

（3）气瓶充装使用的安全阀、压力表、流量计、称重计、报警仪等应定期进行鉴定，合格后方可继续使用。

（4）气瓶充装人员应经过安全培训，考核合格后，方可持证上岗。

（5）气瓶充装前应进行检查，瓶体、介质与充装气体相符后，方可进行充装。

（6）气瓶充装应做好记录，内容包括气瓶号码、充装介质、充装量（或压力）、时间、充装人等。

（7）气瓶充装完成后，应检查瓶阀有无泄漏、防振圈是否齐全、护罩是否完好、标志是否齐全等，全部项目合格后，方可入库。

（8）气瓶仓库应单独设置，不得设置在地下室、半地下室；同类气体或不发生反应的气体可以同室存放，否则应分室存放；空瓶与重瓶应分区存放；已充装气瓶应单层放置，严禁堆放、叠放。

（9）气瓶充装、存放过程中若发现泄漏、燃烧、爆炸等情况，应按照压力容器事故应急预案进行处理。

3.1.20　压力容器事故报告和处理制度

为了规范压力容器事故报告和调查处理工作，及时准确查清事故原因，防止和减少同类事故的重复发生，根据《中华人民共和国特种设备安全法》《特种设备事故报告和调查处理规定》，特制定本制度。详见第 1 章 1.1.5 条。

3.1.21　安全附件及连锁保护装置管理制度

为了规范单位压力容器安全附件及连锁保护装置的管理，保证安全附件及连锁保护装置工作的可靠性，确保特种设备作业人员和设备的安全，特制定本制度。详见第 1 章 1.1.14 条。

3.2　压力容器事故应急预案

3.2.1　事故类型和危害程度分析

目前,压力容器主要有储存容器、反应容器、换热容器、分离容器等。压力容器事故可能造成人身伤害和财物损失,事故类别包括安全装置失效、压力容器超温超压、泄漏、异常变形、异常振动、着火、爆炸等。

3.2.2　应急处置基本原则

坚持快速反应、统一指挥、分工协作、形成合力、分级管理、单位自救与社会救援相结合的原则。迅速、妥善地处理和防止事故扩大,最大限度地减少人员伤亡和财产损失,把事故危害降低到最低程度。

3.2.3　组织机构及职责

3.2.3.1　组织机构

成立事故应急处理指挥部。

总指挥:公司经理(或董事长)。

副总指挥:主管设备副经理、主管生产副经理。

成员:安全管理部、设备部、职工医院及公司各处室负责人。

3.2.3.2　职责

1. 事故应急处理指挥部职责

(1)组织指挥压力容器使用单位对事故现场进行应急抢险救援工作,控制事故蔓延和扩大。

(2)核实现场人员伤亡和损失,及时向上级汇报抢险救援工作及事故应急处理的进展情况。

(3)落实事故应急处理有关抢险救援措施。

2. 总指挥职责

(1)负责监督检查公司各部门对压力容器事故应急救援预案的应急演练。压力容器事故发生后,成立现场指挥部,批准现场救援方案,组织现场抢救。

(2)负责召集、协调各有关部门负责人研究制订事故现场抢险救援方案,制订具体抢险救援措施。

(3)负责指挥现场应急抢险救援工作。

3. 副总指挥的职责

协助总指挥成立现场指挥部,批准现场救援方案;负责组织实施具体抢险救援工作。

4. 分工及职责

为实现对压力容器事故应急救援工作的统一指挥、分级负责、组织到位和责任到人,指挥部下设八个工作组,具体负责组织指挥现场抢险救灾工作。

1）现场指挥组

组长：主管生产副经理。

成员：生产管理部主任、各车间（分厂、工段）负责人。

主要职责：

（1）负责指挥现场救援救治队伍。

（2）组织调配救援的人员、物资。

（3）协助总指挥研究制订变更事故救援方案。

2）抢险救灾组

组长：主管安全副经理。

成员：安全管理部主任、车间（分厂）主管安全副主任、安全管理员及操作工、维修工。

主要职责：

（1）指挥现场救护工作，负责实施指挥部制订的抢险救灾技术方案和安全技术措施。

（2）快速制订抢险救护队的行动计划和安全技术措施。

（3）组织指挥现场抢险救灾、救灾物资及伤员转送。

（4）合理组织和调动救援力量，保证救护任务的完成。

3）技术专家组

组长：总工程师。

成员：技术部主任、总工办主任。

主要职责：

（1）根据事故性质、类别、影响范围等基本情况，迅速制订抢险与救灾方案、技术措施，报总指挥同意后实施。

（2）制订并实施防止事故扩大的安全防范措施。

（3）解决事故抢险过程中的技术难题。

（4）审定事故原因分析报告，报总指挥阅批。

4）物资后勤保障组

组长：主管经营副经理。

成员：供应部主任、设备部主任、仓库主任、行政（后勤）部主任。

主要职责：

（1）负责抢险救灾中物资和设备的及时供应。

（2）筹集、调集应急救援供风、供电、给排水设备。

（3）负责食宿接待、车辆调度、供电、通信等工作。

（4）承办指挥部交办的其他工作。

5）治安保卫组

组长：保卫部主任。

成员：全体保卫科人员。

主要职责：

（1）组织保卫部人员对事故现场进行警戒、戒严和维持秩序，维护事故发生区域的治安和交通秩序。

（2）指挥疏散事故影响区域的人员。

（3）完成指挥部交办的其他工作。

6）医疗救护组

组长：工会主席。

成员：职工医院院长（或医务室主任、附近医院院长）、工会干事及医护人员。

主要职责：

（1）立即赶赴现场对受伤人员进行救护。

（2）组织医疗救治，负责制订医疗救护方案。

7）信息发布组

负责人：主管行政副经理。

成员：党政办公室等相关人员。

主要职责：

（1）负责事故信息发布工作，要按照指挥部提供的事故救援信息向社会公告事故发生性质和救援进展情况。

（2）向各级政府部门、报社、广播电台、电视台等主要新闻媒体汇报现场救援工作。

（3）正确引导媒体和公众舆论。

8）善后处理组

组长：党委书记（或总经理、董事长）。

成员：工会、人力资源部、党政工作部等部门负责人。

主要职责：

（1）负责事故中遇难人员的遗体、遗物处置。

（2）负责事故伤亡人员亲属的安抚接待、抚恤金发放等善后处理工作。

5. 各部门职责

1）生产计划部（及调度室）

坚持 24 h 应急值守，并做好下列工作：

（1）及时准确地上报事故情况，传达总指挥命令。

（2）召集有关人员在生产计划部（及调度室）待命，做好响应的准备工作。

（3）了解并记录事故发生时间、地点、灾害情况和现场采取的救援措施。

（4）核实和统计灾区人数，按照指挥部命令，通知灾区人员撤离。

（5）整理抢险救援命令，要做好详细应急处置记录，及时掌握抢险事故现场进展情况和救援情况。

（6）按照指挥部的要求全面协调和指导事故应急救援工作，调用应急救援物资、救护队伍、设备和有关专家。

（7）负责起草事故应急救援工作报告。

（8）完成总指挥交给的其他任务。

2）党政工作部

坚持 24 h 应急值守，并做好下列工作：

（1）及时向总指挥报告事故信息，传达总指挥关于救援工作的批示和意见。

（2）接受上级部门领导的重要批示、指示，立即呈报总指挥阅批并负责督办落实。

（3）保证事故抢险需要的车辆。

（4）承办指挥部交办的其他工作。

3）安全管理部

坚持 24 h 应急值守，并做好下列工作：

（1）及时向指挥部汇报事故信息。

（2）按照总指挥指示，组织工艺、设备、工会等有关人员进行事故调查，及时向指挥部提供事故调查报告。

（3）参与上级部门的事故调查，负责向事故调查组提供事故有关情况、资料，对于重要事项必须向总指挥请示。

（4）负责现场安全措施的督办落实。

（5）完成指挥部交给的其他任务。

4）职工医院（或医务室、附近医院）

坚持 24 h 应急值守，并做好下列工作：

（1）时刻做好应急救援救治工作，接警后迅速组建现场救治医疗队伍，5 min 内派出救护队伍。

（2）筹集调集应急救援救治急救药品等，及时提供救护所需物品。

（3）完成指挥部交给的其他任务。

5）供应部

坚持 24 h 应急值守，保障事故救援物资的供应，确保抢险救灾工作的顺利开展。

6）技术部、设备管理部

（1）提供灾区图纸和有关技术资料。

（2）根据指挥部命令完成现场相关检测、测量工作。

（3）结合实际情况，制订相应的技术方案、防范措施。

（4）负责起草事故原因分析报告。

（5）完成总指挥交给的其他任务。

7）财务部

为事故救援配备救援设备、器材，提供经费支持，保证事故善后处理所需资金及时到位。

8）工会

参与事故调查、善后处理。

9）其他部门

各相关部门完成指挥部交办的任务。

3.2.4　监控与预防

3.2.4.1　危险源监控

（1）为确保压力容器安全附件齐全有效，公司采取岗位定点、定时巡检的综合预防措施。

（2）定期组织压力容器操作人员进行技术培训和安全教育。

（3）快开门式压力容器操作人员、移动压力容器充装人员必须持证上岗。

（4）制订和实施压力容器定期检查、检修及检验计划。

（5）定期对压力容器的使用情况进行现场检查并做好记录，及时解决压力容器在使用过程中出现的问题和事故隐患。

3.2.4.2　预防措施

1. 安全装置失效的预防措施

（1）每周对安全装置进行一次检查，如发现问题及时进行维修或更换。

（2）每季度对安全装置进行一次维护，使安全装置始终处于完好状态。

（3）每年对安全装置进行一次检定或校验，使安全装置处于可靠状态。

2. 压力容器超温超压的预防措施

（1）物料投入速度过快或物料一次投入过多引起容器超温超压时，应立即停止物料投入。

（2）上游物料超温引起容器超温时，应立即关小进料阀门，减少上游来料。

（3）上游物料超压引起容器超压时，应立即关小或关闭进料阀门，开大出料阀门。

（4）物料反应过快引起容器超温超压时，开大冷却介质（水）阀门或开大排气阀门，降低容器压力、温度。

3. 压力容器泄漏的预防措施

（1）孔、门处泄漏时，应首先降低容器压力，待压力小于 0.2 MPa 时，可通过紧固螺栓消除泄漏。

（2）阀门或其他螺栓处泄漏时，应首先降低容器压力，待压力小于 0.2 MPa 时，可通过紧固螺栓消除泄漏。

（3）容器本体或接管角焊缝处泄漏时，应立即卸掉容器压力，卸掉容器内的物料，详细检查泄漏原因，并按照有关规定进行修理。

（4）容器压力超过 0.3 MPa 时，不得进行紧固螺栓的操作，以防螺栓突然失效造成更大的事故。

4. 压力容器异常变形的预防措施

引起压力容器异常变形的原因主要有以下几种：

（1）由于腐蚀引起的容器异常变形。

（2）由于超压引起的容器异常变形。

（3）由于超温引起的容器异常变形。

（4）由于超载引起的容器异常变形。

压力容器使用中应特别注意采取相应措施，防止腐蚀、超压、超温、超载现象的发生。

5. 压力容器异常振动的预防措施

（1）由于共振引起容器异常振动时，应立即开大或关小阀门，改变介质流速，消除共振。

（2）由于泵、压缩机等运转机械的振动引起容器异常振动时，应立即停止运转机械，检查产生振动的原因，并予以消除。

（3）由于搅拌装置引起容器异常振动时,应立即停止搅拌装置的运行,检查产生振动的原因,并予以消除。

（4）由于管道振动引起容器异常振动时,应立即查找管道振动的原因并予以消除。

6. 压力容器着火的预防措施

（1）泄漏引起的压力容器着火,预防措施见"3. 压力容器泄漏的预防措施"。

（2）爆炸引起的压力容器着火,预防措施见"7. 压力容器爆炸的预防措施"。

（3）其他物品失火引起的压力容器着火,应立即采用二氧化碳灭火器或其他相应的灭火器进行灭火。

7. 压力容器爆炸的预防措施

（1）泄漏引起的压力容器爆炸,预防措施见"3. 压力容器泄漏的预防措施"。

（2）着火引起的压力容器爆炸,预防措施见"6. 压力容器着火的预防措施"。

（3）超温超压引起的压力容器爆炸,预防措施见"2. 压力容器超温超压的预防措施"。

（4）安全装置失效引起的压力容器爆炸,预防措施见"1. 安全装置失效的预防措施"。

3.2.5　事故报告与响应

3.2.5.1　事故报告

（1）发生容器事故时,值班人员应立即向车间（分厂、工段）主任、安全管理部、公司生产管理部汇报,同时采取必要的处理措施。

（2）事故现场发生火灾时,现场的值班人员应立即组织人员采取一切可能的措施直接进行灭火,并向车间（分厂、工段）主任、安全管理部、公司生产管理部汇报。如果火势较大,不能控制时,应通知所有可能受火灾威胁地区的人员按避灾路线进行撤退,同时拨打火灾报警电话 119 进行报警。

（3）由总指挥下达指令,确定事故上报部门、上报内容,是否向外求援等。事故关联单位电话如下:

××市市场监督管理局值班电话:××××××××

××市应急管理局值班电话:××××××××

××市政府应急值班电话:××××××××

××医院急救电话:××××××××

3.2.5.2　应急响应

一级响应:容器发生着火、爆炸事故,或发生严重泄漏需要附近企业职工、居民撤离时为一级响应。公司总经理（或党委书记、董事长）担任指挥,全公司响应,各部门按照原定分工,各司其职,立即行动,同时向上级有关部门进行事故报告。

二级响应:容器发生一般泄漏、超温超压事故时为二级响应。由公司安全副总担任指挥,公司安全管理部、车间（分厂、工段）进行响应,其他部门进行配合,同时向上级有关部门进行事故报告。

三级响应:容器发生异常变形、异常振动、安全装置失灵等事故时为三级响应。车间（分厂、工段）主任担任指挥,公司安全管理部、车间（分厂）进行响应,其他部门进行配合。

3.2.6　应急处置原则

3.2.6.1　容器发生着火、爆炸事故或发生严重泄漏事故时的处置原则,即一级响应处置原则

（1）布置现场安全警戒,保证现场救援井然有序,保证现场道路通畅,禁止无关人员及车辆通行。

（2）在现场处置时首先抢救受伤人员,同时确保救灾人员自身安全。

（3）及时有效地控制事故向周边地带的蔓延。

（4）立即切断事故车间(分厂、工段)的蒸汽及动力电源供应,防止发生次生灾害。

（5）通知当地政府、相关企业做好人员撤离工作。

（6）处置过程中相关物品不得移动;如为救人确实需要移动物品,移动时要做好记录。

3.2.6.2　容器发生一般泄漏、超温超压事故时的处置原则,即二级响应处置原则

（1）布置现场安全警戒,保证现场道路通畅。

（2）在现场处置时首先抢救受伤人员,同时确保救灾人员自身安全。

（3）及时做好附近人员的撤离工作。

（4）立即组织人员进行堵漏作业,防止发生次生灾害。

（5）切断物料供给,加大物料排放,加大冷却介质的流量,将容器的温度、压力降至安全工况。

（6）通知相关车间(或分厂、工段)做好停产的处置工作。

3.2.6.3　容器发生异常变形、异常振动、安全装置失效等事故时的处置原则,即三级响应处置原则

（1）查明容器变形的原因,立即进行处置,停止该容器的使用,对其进行检查、维修或更换。

（2）查明容器振动的原因,立即进行处置,将振动控制在正常范围内。

（3）查明容器安全装置失效的原因,立即停用该容器,对安全装置进行维修或更换。

3.2.7　应急物资与装备保障

特殊物资:沙子、黄土若干。

消防和特殊设备:干粉灭火器 x 台,消防栓、消防水带 x 个。

3.3　压力容器安全管理记录

3.3.1　压力容器运行记录

压力容器运行记录主要记录容器运行中的工艺参数及操作情况,详见表3-1。

表 3-1　压力容器运行记录

容器型号：＿＿＿＿＿＿＿＿　　　　　　　　设备代码：＿＿＿＿＿＿＿＿

序号	时间	温度(℃)	压力(MPa)	液位	流量(t/h)	排污或排空	安全保护装置	备注
1								
2								
3								
4								
5								
6								
7								
8								
9								

操作人：＿＿＿＿＿＿＿　　　　　　　　　　　　　日期：＿＿＿＿＿＿＿

3.3.2　压力容器安全检查记录

压力容器安全检查记录主要记录安全检查时容器的运行参数、本体检查情况、安全附件及连锁保护装置情况,详见表 3-2。

表 3-2　压力容器安全检查记录　　　　　日期：＿＿＿＿＿＿＿

序号	检查内容	检查情况	检查人	备注
1	温度(℃)			
2	压力(MPa)			
3	液位			
4	腐蚀情况			
5	泄漏情况			
6	振动情况			
7	支座、基础情况			
8	隔热层情况			
9	压力表			
10	温度计			
11	安全阀			
12	爆破片			
13	安全连锁装置			
14	其他			

3.3.3　压力容器年度检查报告

压力容器年度检查报告主要记录年度检查时容器的使用登记、档案管理、运行记录、运行参数、本体检查情况、安全附件及连锁保护装置等情况,详见表 3-3。

表 3-3　压力容器年度检查报告

报告编号:

设备名称		容器类别		
使用登记证编号		设备代码		
使用单位名称				
设备使用地点				
安全管理人员		联系电话		
安全状况等级		下次定期检验日期		年　月
检查依据	《固定式压力容器安全技术监察规程》(TSG 21—2016)			
问题及其处理	检查发现的缺陷位置、性质、程度及处理意见(必要时附图或者附页)			

检查结论	□符合要求 □基本符合要求 □不符合要求	允许(监控)使用参数		
		压力	MPa	温度　℃
		介质		
	下次年度检查日期:　年　月			
说明	(监控运行需要解决的问题及完成期限)			

检查:	日期:	检验机构
审核:	日期:	
审批:	日期:	年　月　日

压力容器年度检查报告附页

报告编号：

序号		检查项目与内容	检查结果	备注
1	安全管理情况	压力容器安全管理制度是否齐全		
2		压力容器设计文件、竣工图样、产品合格证、产品质量证明书、安装及使用维护保养说明书、监检证书及安装、改造、维修资料是否完整		
3		《使用登记证》《特种设备使用登记表》是否与实际相符		
4		日常维护保养记录、运行记录、定期安全检查记录是否符合要求		
5		年度检查报告、定期检验报告是否齐全及所提出的问题是否已处理		
6		安全附件及仪表的校验（检定）、修理和更换记录是否齐全、真实		
7		压力容器应急专项预案和演练记录是否齐全		
8		是否对压力容器事故和故障情况进行记录		
9	容器本体及运行情况	铭牌及其有关标志是否符合有关规定		
10		本体、接口（阀门、管路）部位、焊接（黏接）接头等有无裂纹、过热、变形、泄漏、机械接触损伤现象		
11		外表面是否有腐蚀、结霜、结露情况		
12		隔热层是否有破损、脱落、潮湿、跑冷情况		
13		检漏孔、信号孔有无漏液、漏气，检漏孔是否畅通		
14		压力容器与相邻管道或者构件有无异常振动、响声或者相互摩擦情况		
15		支承或者支座有无损坏，基础有无沉降、倾斜、开裂，紧固件是否齐全、完好		
16		排放（疏水、排污）装置是否完好		
17		运行期间是否有超压、超温、超量等现象		
18		有接地要求的设备，接地装置是否符合要求		
19		监控使用的压力容器，监控措施是否有效实施		

续附页

序号		检查项目与内容	检查结果	备注
20	非金属及非金属衬里容器专项要求	一、搪玻璃压力容器检查专项要求		
21		外表面防腐漆是否完好,是否有锈蚀、腐蚀现象		
22		密封面是否有泄漏		
23		夹套底部排净(疏水)口开闭是否灵活		
24		夹套顶部放气口开闭是否灵活		
25		二、石墨及石墨衬里压力容器检查专项要求		
26		外表面防腐漆是否完好,是否有锈蚀、腐蚀现象		
27		石墨件外表面是否有腐蚀、破损和开裂现象		
28		密封面是否有泄漏		
29		三、纤维增强塑料及纤维增强塑料衬里容器检查专项要求		
30		外表面防腐漆是否完好,是否有腐蚀、损伤、纤维裸露、裂纹或者裂缝、分层、凹坑、划痕、鼓包、变形现象		
31		管口、支撑件等连接部位是否有开裂、拉脱现象		
32		支座、爬梯、平台等是否有松动、破坏等影响安全的因素		
33		紧固件、阀门等零部件是否有腐蚀破坏现象		
34		密封面是否有泄漏		
35		四、热塑性塑料衬里容器检查专项要求		
36		外表面防腐漆是否完好,是否有锈蚀、腐蚀现象		
37		密封面是否有泄漏		
38	安全附件及仪表	安全阀		
39		爆破片装置		
40		安全连锁装置		
41		紧急切断装置		
42		易熔塞		
43		压力表		
44		液位计		
45		测温仪表		

注:对无问题或者合格的检查项目在"检查结果"栏打"√";有问题或者不合格的检查项目在"检查结果"栏打"×",并在"备注"栏中说明;实际没有的检查项目在"检查结果"栏填写"无此项";有而无法检查的项目在"检查结果"栏中划"—",并且在"备注"栏中说明原因。

3.3.4　压力容器维护保养记录

压力容器维护保养记录主要记录对容器维护保养的质量,一般包括容器本体、接管、支撑、安全附件及安全连锁装置等,详见表3-4。

表3-4　压力容器维护保养记录

日期:＿＿＿＿＿＿＿＿＿

序号	维护保养内容	检查结果	备注
1	容器本体防腐层		
2	容器本体隔热层		
3	接管、阀门及密封面		
4	支撑、基础		
5	搅拌装置		
6	停用容器的内部、外部清理		
7	安全阀		
8	压力表		
9	爆破片		
10	液位计		
11	温度计		
12	安全连锁装置		
13	自控仪表		

维护保养人:＿＿＿＿＿＿＿＿＿　　　　　　检查人:＿＿＿＿＿＿＿＿＿

3.3.5　压力容器交接班记录

压力容器交接班记录主要记录运行人员交接班时设备的运行工况、异常情况、阀门及密封面工况、安全附件及安全连锁装置工况等,详见表3-5。

表3-5　压力容器交接班记录

日期:＿＿＿＿＿＿＿＿＿　　　　　　　　　交班时间:＿＿＿＿＿＿＿＿＿

序号	交接班内容	检查结果	备注
1	设备运行工况(压力、温度、液位)		
2	设备异常情况		
3	阀门、密封面工况		
4	安全附件工况		
5	安全连锁装置		
6	控制仪表工况		
7	清洁卫生		
8	其他		

交班人:＿＿＿＿＿＿＿＿＿　　　　　　　　接班人:＿＿＿＿＿＿＿＿＿

3.3.6　压力容器改造维修记录

压力容器改造维修记录主要记录压力容器改造维修单位、改造维修质量、监督检验等情况,详见表 3-6。

表 3-6　压力容器改造维修记录

设备名称:_____　　　　　设备代码:_____

序号	项目内容	检查结果	备注
1	改造维修单位资质		
2	改造图纸设计单位资质		
3	特种设备安装改造维修告知书		
4	改造维修方案		
5	改造维修人员资格		
6	改造维修的监督检验		
7	改造维修质量		
8	改造维修资料		

检查人:_____　　　　记录人:_____　　　　日期:_____

3.3.7　压力容器安装修理改造竣工验收记录

压力容器安装修理改造竣工验收记录主要记录容器安装修理改造施工的单位资质及关键节点的检查验收情况,详见表 3-7。

表 3-7　压力容器安装修理改造竣工验收记录

容器型号:_____　　　　　设备代码:_____

序号	验收项目	验收结果	备注
1	施工方案		
2	改造图纸		
3	施工单位资格		
4	施工记录		
5	容器基础		
6	容器铅垂度		
7	连接管道		
8	安全附件、仪表		
9	材质证明		
10	无损检测		
11	压力试验		
12	其他		

记录人:_____　　　　　　验收日期:_____

3.3.8　压力容器采购记录

压力容器采购是保证压力容器安全使用的重要环节,采购记录主要记录采购程序与采购管理制度的要求是否一致,详见表3-8。

表 3-8　压力容器采购记录

设备名称:＿＿＿＿＿＿＿＿＿　　　　　设备代码:＿＿＿＿＿＿＿＿＿

序号	内容及要求	检查结果及时间	备注
1	被采购单位的压力容器制造许可证		
2	采购合同的评审		
3	采购设备的型号、参数与实物是否一致		
4	设备的出厂资料[铭牌、竣工(设计)图样、使用维修说明、产品合格证、质量证明书]		
5	设备监督检验证书		
6	设备验收		

验收人:＿＿＿＿＿＿＿＿＿　　　　　　　　记录人:＿＿＿＿＿＿＿＿＿

3.3.9　压力容器报废记录

压力容器报废记录主要记录压力容器报废原因及相关部门领导审批意见,具体内容见表3-9。

表 3-9　压力容器报废记录

容器型号		设备代码	
投用日期		设计使用年限	

报废原因:

分厂(车间、工段)意见	签名:　　　　　　日期:
设备管理部意见	签名:　　　　　　日期:
安全管理部意见	签名:　　　　　　日期:
公司主管领导意见	签名:　　　　　　日期:
备注	

3.3.10　压力容器启动记录

压力容器启动记录主要记录启动前及启动过程中各项检查的结果,具体内容详见表 3-10。

表 3-10　压力容器启动记录

容器型号:＿＿＿＿＿＿＿＿＿＿　　　设备代码:＿＿＿＿＿＿＿＿＿＿

序号	检查项目	检查结果	备注
1	本体		
2	介质置换		
3	升压速度(MPa/h)		
4	升温速度(℃/h)		
5	液位		
6	安全附件、仪表		
7	连接管道		
8	振动		
9	异常响声		
10	防腐、绝热层		

记录人:＿＿＿＿＿＿＿＿＿　　　　　日期:＿＿＿＿＿＿＿＿＿

3.3.11　压力容器停用记录

压力容器停用记录主要记录压力容器停用时容器本体及安全附件的维护保养情况,防止停用期间容器发生腐蚀,对容器造成伤害,详见表 3-11。

表 3-11　压力容器停用记录

设备名称:＿＿＿＿＿＿＿＿＿　　　使用证号:＿＿＿＿＿＿＿＿＿

设备代码:＿＿＿＿＿＿＿＿＿　　　内部编号:＿＿＿＿＿＿＿＿＿

序号	项目内容	检查结果	备注
1	容器内外部(包括接管)清理		
2	容器内外部(包括接管)防护		
3	防腐层修复		
4	隔热层修复		
5	阀门维护保养		
6	转动装置的维护保养		
7	安全附件的维护保养		
8	安全连锁装置及控制仪表的维护		
9	其他附属设施的维护,如支座、基础、爬梯、顶棚等		

记录人:＿＿＿＿＿＿＿＿＿　　　　　日期:＿＿＿＿＿＿＿＿＿

3.3.12　压力容器事故记录

压力容器事故记录主要记录事故设备信息、事故发生时间、事故性质、经济损失、设备修复情况、预防措施、事故原因、责任人及处罚措施等方面内容,详见表 3-12。

表 3-12　压力容器事故记录

序号	项目	内容	备注
1	设备型号		
2	设备代码		
3	使用证号		
4	报告人		
5	事故性质		
6	发生时间		
7	采取措施		
8	经济损失		
9	修复措施		
10	修复时间		
11	修复负责人		
12	预防措施		
13	事故原因		
14	责任人		
15	处罚措施		

记事:

记录人:＿＿＿＿＿＿＿＿＿　　　　　　　　　　　日期:＿＿＿＿＿＿＿＿＿

3.3.13　压力容器事故应急预案演练记录

压力容器事故应急预案演练记录主要记录演练的事故性质、响应级别、演练指挥、参与部门、参加人员、演练过程、存在问题等方面内容,详见表 3-13。

表 3-13　压力容器事故应急预案演练记录

事故性质		响应级别	
演练指挥		参与部门	

参加人员：

演练过程：

存在问题：

记事：

记录人：_____　　　　　　　　日期：_____

3.3.14　低温容器安全检查记录

低温容器安全检查一般每年进行一次，主要记录低温容器的基础、静电接地、安全附件等检查项目及检查结果，详见表 3-14。

表 3-14　低温容器安全检查记录

容器型号：_____　　　　设备代码：_____

序号	检查项目	检查结果	备注
1	安装环境		
2	容器外观		
3	容器基础		
4	静电接地		
5	液位计		
6	安全阀		
7	压力表		
8	泄漏检查		
9	真空度测量		
10	其他		

记录人：_____　　　　　　　　日期：_____

3.3.15 气瓶使用记录

气瓶使用记录主要记录气瓶在场内使用情况,主要包括安全检查、充装介质、领用人、领用时间、送还时间、使用过程中异常情况等内容,详见表3-15。

表3-15　气瓶使用记录

序号	项目	结果	备注
1	瓶号		
2	安全检查		
3	充装介质		
4	质量(重量)(kg)		
5	压力(MPa)		
6	领用人		
7	领用时间		
8	送还人		
9	送还时间		
10	使用过程中异常情况		

保管员:＿＿＿＿＿＿＿＿

3.3.16 气瓶充装记录

气瓶充装记录主要记录气瓶充装前安全检查、充装介质、充装前压力、充装前质量、充装后压力、充装后质量等内容,详见表3-16。

表3-16　气瓶充装记录　　　　　日期:＿＿＿＿＿＿＿＿

序号	项目	结果	备注
1	瓶号		
2	安全检查	充装前:　　充装后:	
3	充装介质		
4	充装前压力(MPa)		
5	充装后压力(MPa)		
6	充装前质量(kg)		
7	充装后质量(kg)		
8	领取人		

充装人:＿＿＿＿＿＿＿＿

第 4 章　压力管道的安全与防控管理

压力管道是指利用一定的压力,用于输送气体或者液体的管状设备,其范围规定为最高工作压力大于或等于 0.1 MPa(表压)的气体、液化气体、蒸汽介质或者可燃、易爆、有毒、有腐蚀性,最高工作温度高于或者等于标准沸点的液体介质,且公称直径大于 50 mm 的管道;公称直径小于 150 mm,且其最高工作压力小于 1.6 MPa(表压)的输送无毒、不可燃、无腐蚀性气体的管道和设备本体所属管道除外。压力管道是由管子、管件、法兰、螺栓、垫片、阀门及其他组成件和支承件组成的装配总成的,介质种类多种多样,如高温、低温、酸性、碱性、剧毒、易燃等,所以压力管道的安全与防控管理也是特种设备安全管理的一个重要环节。

4.1　压力管道管理制度

4.1.1　压力管道操作人员岗位责任制

压力管道操作人员应履行以下职责:

(1)按照安全操作规程的规定,正确操作使用压力管道。

(2)认真填写操作记录、运行记录等工作记录。

(3)做好压力管道的维护保养工作(包括停用期间对管道的维护),使压力管道经常保持良好的技术状态。

(4)经常对压力管道的运行情况进行检查,发现操作条件不正常时应及时进行调整,遇到紧急情况时应按规定采取相应处理措施,并及时向分厂(车间、工段)、特种设备安全管理科报告。

(5)对任何有害压力管道安全运行的违章指挥,应拒绝执行。

(6)操作人员要掌握"四懂三会",即懂原理、懂性能、懂结构、懂用途,会使用、会维护保养、会排除故障。

(7)努力学习业务知识,不断提高操作技能,以促进压力管道的安全运行。

4.1.2　分厂主任(工段长)岗位责任制

分厂主任(车间主任、工段长)应履行如下职责:

(1)认真组织管道操作人员学习国家有关压力管道的各种安全技术法规及单位制定的各项管理制度,并认真贯彻执行。

(2)参与制定分厂(车间、工段)管道的各项规章制度,与管道操作人员签订安全目标责任书。

(3)传达贯彻特种设备安全监督管理部门下达的安全指令,并将安全隐患的整改措施落实到位。

（4）对分厂（工段）各项规章制度实施情况进行检查，每周不少于一次；重点检查运行记录、交接班记录及管道实际运行状况。

（5）督促检查管道设备的维护保养和定期检验计划的实施情况。

（6）解决管道操作人员提出的有关安全问题，如不能解决，应及时向公司安全管理科或公司领导报告。

（7）定期开展压力管道应急预案的演练。

（8）负责分厂压力管道的各类隐患、事故的汇总上报工作。

（9）压力管道发生重大事故时，应及时向公司安全管理科、公司领导及当地特种设备安全监管部门报告。

4.1.3　压力管道管理机构职责

压力管道管理机构（安全管理科）应履行以下职责：

（1）贯彻执行《中华人民共和国特种设备安全法》《压力管道安全技术监察规程——工业管道》《压力管道监督检验规则》和有关的法律、法规。

（2）参与压力管道施工质量的监督检查、验收和试运行工作。

（3）监督压力管道的运行和维护工作，参与压力管道工艺参数变更的审批工作。

（4）根据压力管道的检验周期，组织编制年度在线检验和全面检验计划，并负责组织实施，监督检查在线检验工作质量。

（5）负责组织压力管道的改造、修理、检验、评定及报废等技术审查工作。

（6）负责压力管道登记、建档及技术资料的管理工作。

（7）组织压力管道隐患、缺陷的查找以及整改工作，参加压力管道事故的调查、分析和上报工作，并提出处理意见和改进措施。

（8）每年第一季度向当地特种设备安全监督管理部门报送单位压力管道基本信息汇总表及年度安全状况。

（9）负责组织对压力管道的检验人员、焊接和操作人员的安全技术培训和技术考核。

（10）编制压力管道安全管理规章制度，并定期检查执行情况。

4.1.4　压力管道设计审查制度

为做好压力管道的设计审查工作，保证压力管道设计质量，特做出如下规定：

（1）压力管道的设计单位应具有相应的压力管道设计资质。

（2）设计单位完成压力管道设计后，使用单位应组织公司相关部门的技术人员对设计资料进行审查，一般应包括技术科、设备科、分厂（车间、工段）、特种设备安全管理科等部门。

（3）审查的重点内容一般包括：设计采用的规范、标准是否与合同一致；设计提出的技术要求公司能否满足；设计管道的位置、走向、标高等技术参数是否与合同一致。设计资料是否齐全，一般应包括管线图、支吊架图纸、强度计算书、管道材料一览表、管道参数一览表、施工技术要求等。

（4）审查完成后,应将审查发现的问题以书面材料的方式向设计单位予以反馈,并要求设计单位以正式公文进行答复。

（5）审查完成后,应做好审查记录,参加审查人员应进行签字确认。

4.1.5　管道材料采购管理制度

为做好管道材料的采购管理工作,保证材料的采购质量,特做出如下规定：

（1）管道材料供应商应在公司合格供方名录内。

（2）管道材料（包括管子、管件、膨胀节、焊材、法兰、螺栓、垫片、阀门、仪表及安全保护装置等）制造单位应取得管道元件制造许可证,各种管道材料均应具有合格证。

（3）对于合金钢的管道材料应进行光谱检测,检查各种材料的合金成分的含量与标准要求是否一致。

（4）对于阀门,应根据相应标准要求进行压力试验检查。

（5）对于一般的管道材料,应抽查材料牌号、规格、壁厚等与采购要求是否一致。

（6）管道材料验收合格后,方可办理入库手续,否则,应进行退换。

4.1.6　压力管道施工单位管理制度

为做好压力管道施工管理工作,保证管道施工质量,特做出如下规定：

（1）压力管道施工单位应在公司的合格供方名录内。

（2）施工单位应具有相应的压力管道施工资质。

（3）施工单位应具有完善的质量保证体系,包括体系文件及责任人员。

（4）特种设备作业人员应具有相应资质,如焊工、无损检测人员、起重机作业人员等。

（5）施工单位的工程质量应符合相应国家标准、规范的要求,并及时做好施工记录,施工完成后应及时向甲方移交安装质量证明书。

（6）对于重要的工程节点,如隐蔽工程、压力试验、试运行等,施工单位应提前通知甲方到场参加验收。

（7）施工单位应接受监理单位的检查。

（8）施工单位应接受当地特种设备安全管理机构、监督检验机构的检查。

4.1.7　压力管道施工质量验收制度

为做好压力管道施工质量的验收工作,特做出如下规定：

（1）施工单位须在合格供方名录内。

（2）压力管道施工前,甲、乙双方应签订施工合同,明确工程范围、质量标准、施工周期、施工费用等事项。

（3）甲方应组织技术人员或委托监理公司对施工质量进行监督检查,如发现问题应及时向乙方进行反馈。

（4）对于隐蔽工程,施工完成后,甲方应及时组织技术人员或委托监理公司进行验收。

（5）对于重要的工程节点,甲方应组织技术人员或委托监理公司参加验收,如合金钢材料复验、阀门压力试验、无损检测、管道水压试验、管道气密试验、管道吹扫、试运行等。

（6）施工完成后，除对施工质量验收外，对乙方移交的施工资料应进行验收，检查其资料的完整性、真实性。

4.1.8　压力管道的安全运行管理制度

为做好压力管道的安全运行管理工作，特做出以下几方面的要求：

（1）压力管道操作人员必须经过技术培训，方可独立承担压力管道的操作工作。

（2）压力管道操作人员要熟悉本岗位的工艺流程，以及有关管道的结构、走向、介质、主要技术参数等，严格按操作规程操作，并认真填写操作记录、运行记录。

（3）压力管道要平稳操作。管道开始加压时，速度不易过快，要防止压力的突然上升。高温管道或工作温度低于0 ℃的管道，加热或冷却都应缓慢进行，尽量避免操作中压力、温度频繁和大幅度波动。

（4）压力管道严禁超温、超压运行。实行压力管道安全操作挂牌制度或装设连锁装置，防止误操作；应密切注意减压装置的运行情况，防止超压现象的发生；随时检查安全附件的运行情况，保证其灵敏可靠。

（5）严禁带压拆卸压力管道上的螺栓。

（6）坚持管道运行期间的巡回检查，及时发现操作中或设备上出现的不正常状态，并采取相应的措施进行调整或消除，检查内容应包括工艺条件、设备状况及安全装置等方面。

（7）正确处理紧急情况。压力管道运行过程中，当工艺参数超过管道许可参数时，应采取紧急停运、关闭进口阀门、打开泄压阀门等措施，使管道运行参数回归正常，同时将上述情况向分厂（车间、工段）领导及公司安全管理部门报告。

4.1.9　压力管道的安全检查制度

压力管道安全检查一般每月进行一次，检查的内容主要包括工艺参数、设备状况以及安全装置等方面情况。

4.1.9.1　工艺参数等方面的检查

主要检查管道操作压力、操作温度是否在安全规定的范围内；检查工作介质的化学成分，特别是那些影响管道安全（如产生腐蚀等）的成分是否符合要求。

4.1.9.2　设备状况方面的检查

主要检查压力管道各连接部位有无泄露、渗漏现象；管道有无明显的变形、鼓包，有无腐蚀以及其他缺陷；管道有无振动、碰磨等现象；基础和支座是否松动，基础有无下沉现象等。

4.1.9.3　安全装置方面的检查

主要检查安全装置以及与安全有关的表计（如温度计、压力表及流量计等）是否保持完好状态。检查内容有：压力表的取压管有无泄漏或堵塞现象；弹簧式安全阀是否有锈蚀、被油污黏结等情况，杠杆式安全阀的重锤有无移动的迹象，以及冬季气温过低时，装置在室外露天的安全阀有无冻结的迹象等；安全装置和有关表计是否在规定的检定周期内，其精确度是否符合要求;连锁保护装置是否可靠等。

4.1.10　压力管道年度检查制度

为加强压力管道的安全管理,一般每年公司应进行一次年度检查,为此特制定年度检查制度:

(1)检查压力管道台账与实物是否一致。

(2)检查《压力管道基本信息汇总表》与台账是否一致。

(3)检查压力管道安全管理制度是否齐全。管理制度一般应包括使用登记制度、使用(运行)管理制度、维护保养制度、定期检验制度、定期安全检查制度、安全附件管理制度、管道事故报告与处理制度、压力管道事故应急救援预案等。

(4)检查管道档案资料是否齐全。一般应包括管道设计资料(包括设计图纸、强度计算书、施工技术要求、管道数据表等)、安装质量证明书(包括材料一览表、安装记录、无损检测报告、压力试验记录、合格证等)、监督检验证书、管道改造修理资料、各种记录等。

(5)检查管道各种记录是否齐全。一般包括维护保养记录、运行记录、介质检查记录、定期安全检查记录、年度检查记录、定期检验报告、应急救援演练记录、事故记录等。

(6)检查管道外观是否存在异常,如裂纹、过热、变形、泄漏、机械损伤、腐蚀、振动等异常现象。

(7)检查管道基础有无下沉、倾斜、开裂,支撑有无损坏,密封面是否泄漏,紧固件是否齐全等。

(8)检查管道隔热层有无破损、脱离,管道有无结露、结霜等。

(9)检查管道运行期间有无超压、超温等现象。

(10)检查管道安全附件及控制仪表是否齐全、完好,如安全阀、压力表、温度计、爆破片,以及监控装置、安全连锁装置等。

(11)检查管道操作人员是否经过培训、考核。

4.1.11　压力管道的维护保养制度

压力管道的维护保养工作主要包括以下几个方面的内容:

(1)保持完好的防腐层。要经常检查防腐层有无自行脱落,发现防腐层损坏时,即使是局部的,也应该及时进行修补,妥善处理后才能继续使用。特别注意保温层下和支座处的防腐。

(2)消灭管道的"跑、冒、滴、漏"。"跑、冒、滴、漏"不仅浪费原料和能源,污染环境,恶化操作条件,还常常造成管道的腐蚀,严重时还会引起管道的破坏事故。因此,应经常检查管道的紧固件和密封状况,保持完好,防止产生"跑、冒、滴、漏"现象。

(3)做好安全装置维护保养。压力管道的安全装置必须始终保持灵敏准确、处于可靠状态,应定期进行检查、试验和校正,发现不准确或不灵敏时,应及时检修和更换。管道上安全装置不得任意拆卸或封闭不用,没有按规定装设安全装置的管道不得投入使用。

(4)减少与消除压力管道的振动。风载荷的冲击或机械振动的传递,有时会引起管道的振动,这对管道的抗疲劳性是非常不利的。因此,当发现管道存在较大振动时,应采取适当的措施,如割裂震源、加强支撑等措施,以消除或减轻管道的振动。

(5)停用管道的保养。停止运行尤其是长期停用的管道,一定要将其内部介质排除干净,特别是腐蚀性介质,要经过排放、置换、清洗、吹干等技术处理。要注意防止管道的"死角"内积存腐蚀性介质,以免对管道造成腐蚀,影响管道寿命;同时对管道的防腐层、隔热层、阀门、仪表、安全附件及安全保护装置进行检查维护。

(6)要经常保持管道的干燥和清洁。为防止大气腐蚀,要经常把散落在上面的灰尘、灰渣及其他污垢擦洗干净,并保持管道及周围环境的干燥。

(7)管道维护保养完成后,应做好记录。

4.1.12　压力管道紧急停用制度

压力管道遇有下列情况时,应立即采取紧急停用措施,并报告公司安全管理部门和分厂(车间、工段)领导:

(1)介质压力、温度超过材料允许的使用范围,且采取措施后仍不见效时。

(2)管道及管件发生裂纹、泄漏或异常振动等时候。

(3)管道安全保护装置失效时。

(4)发生火灾等事故且直接威胁管道正常安全运行时。

(5)压力管道的阀门及监控装置失灵,危及管道安全运行时。

(6)管道停用后应及时做好记录,以备查询。

4.1.13　压力管道巡回检查制度

压力管道操作人员每班都应当进行巡回检查,检查内容主要包括以下几个方面:

(1)各项工艺操作指标参数、运行情况、系统的异常情况。

(2)管道接头、阀门及各管件密封处有无泄漏情况。

(3)防腐层、隔热层是否完好。

(4)管道是否存在振动情况。

(5)管道支、吊架的紧固、腐蚀情况,支承情况,管架、基础完好情况。

(6)管道之间、管道与相邻构件是否存在摩擦情况。

(7)阀门等操作机构润滑是否良好。

(8)安全阀、压力表、爆破片等安全保护装置的运行状况。

(9)静电跨接、静电接地、抗腐蚀阴阳极保护装置的完好状况。

(10)管道是否存在其他缺陷等。

4.1.14　压力管道检修准备确认制度

压力管道检修前的准备工作是把管道内的可燃或有毒有害介质彻底清除,并对检修对象仔细检查确认,主要应做好以下几方面工作:

(1)管道系统降温、卸压、放料和置换。管道系统停车后,首先按操作规程把管道降温至45 ℃以下,卸压至大气压,物料应进行彻底排放。介质为易燃易爆有害气体的管道,需用惰性气体进行置换。

（2）用盲板将待修管道与运行管道、设备断开。这种盲板应能承受系统的工作压力，否则应将截止阀和盲板之间的一段管道卸掉，以免因阀门内漏而压破盲板。

（3）管道的清洗和吹扫。管道清洗一般采用蒸汽、水或惰性气体。酸性液体可用弱碱洗涤、清水冲洗，强碱性介质用大量水冲洗。系统不宜夹带水分的，一般用空气和惰性（通常为氮气）气体吹扫。

（4）气体的取样分析。吹扫完毕后，应在管道系统的末端以及各个死角部位取样分析，切实做到"停得稳、放得空、扫得净"。经确认合格后，方能办理整个管道系统的检修交付手续，交付检修单位实施检修。

（5）管道系统的修前检查确认。管道系统的修前检查确认的目的是要查明缺陷的性质、特征、范围和缺陷发生的原因。通过检查确认，最后经技术负责人批准，按照已确定的修理方案和工艺实施检修，以保证检修质量。

（6）管道系统检修前检查确认完毕后，应做好记录。

4.1.15　压力管道的计算机管理制度

压力管道由于数量多、种类多、介质复杂，采用计算机管理是非常必要的，为此特提出如下要求：

（1）压力管道在建立纸质档案的同时，还应建立电子档案，以便于及时补充、修订管道信息。

（2）压力管道安装完成后，应及时加入单位压力管道基本信息汇总表，主要内容应包括管道名称、管道编号、管道级别、设计单位、安装单位、投用年月、管道规格（包括直径、壁厚、长度）、设计条件（包括压力、温度、介质）、检验结论、检验机构、下次检验日期、备注等。

（3）管道每次检验完成后，应将该次的检验情况在压力管道基本信息汇总表中进行记录。

（4）管道每次维护、修理、改造完成后，应将该次的维护、修理、改造情况在压力管道基本信息汇总表中进行记录，内容包括维护、修理、改造的具体内容、施工单位（设计单位）、检查验收情况、验收人员、施工质量证明等。

（5）压力管道的电子档案应设专人管理，其他人员不得随意更改档案内容。

（6）每年第一季度，公司特种设备安全管理科应将上一年度的压力管道基本信息汇总表报至当地特种设备登记机关。

4.1.16　压力管道的启动管理制度

压力管道由于种类繁多、介质复杂，为保证压力管道的安全使用，特制定该项管理制度：

（1）对于高温介质的管道，启动时应缓慢升温升压，升温时时一般不能超过 50 ℃/h，升压时一般不超过 2.0 MPa/h，同时应将管道上疏水阀全部开启，待疏水阀冒出气体时，再逐个关闭疏水阀。

（2）对于低温介质的管道，启动时应缓慢降温升压，降温过程一般不能超过 50 ℃/h，升压一般不超过 1.0 MPa/h,同时应将管道上放气阀全部开启,待放气阀冒出液体时,再逐个关闭放气阀。

(3)对于输送有毒有害、易燃易爆介质的压力管道,管道启动前应首先利用惰性气体对管道内的空气进行置换,检测合格后方可进行管道的启动。

(4)对于其他介质的管道,管道启动前,应根据管道工作介质的特性制订具体的管道启动措施,以保证管道在启动过程中的安全。

(5)管道启动过程中,应注意做好相应记录。

4.1.17 压力管道停用管理制度

压力管道停用管理是管道管理的一项重要内容,为此特提出如下要求:

(1)停止运行尤其是长期停用的管道,应将其内部介质排除干净;特别对腐蚀性介质,要进行排放、置换、清洗、吹干;注意防止管道的"死角"中积存腐蚀性介质。

(2)保持管道内部干燥和洁净,清除内部的污垢和腐蚀产物,必要时对管道进行密封。

(3)修补防腐层、隔热层的破损处。

(4)在压力管道外壁涂刷油漆,防止大气腐蚀;还应注意隔热层下和支座处的防腐等。

(5)对管道的安全附件、阀门、测控仪表等应进行拆除,并进行维护保养。

(6)对管道的其他附属设施,如支架、吊架、管廊、爬梯等,应进行防腐维护处理。

4.1.18 压力管道巡查(线)制度

为促进公司压力管道的安全运行,特制定本制度:

(1)为及时发现管道周围存在的不安全行为及事故隐患,按照巡查(线)工作"早发现、早沟通、早预防"的原则,确保公司管道的安全运行。

(2)巡查(线)人员必须熟悉所巡查的管道及附属设备(如安全附件、凝水缸、阀门井、标志桩等)的位置、技术参数、运行状态、走向等。

(3)巡查(线)人员负责所辖区域内管道巡查工作,及时发现各类违章占压、第三方施工等危及管道安全的行为,切实落实"责任到人,谁主管谁负责"的工作机制。

(4)巡查(线)人员的工作职责:按照公司特种设备管理科划定的责任范围进行巡线,巡查内容包括责任管道、管道所经之地和管道附属设施,如管道、防腐层、隔热层、压力表、温度计、安全阀、爆破片、支架、吊架、管桩、管廊、阀门及阀门井、阴极保护设施、标志桩等。

(5)公司范围内管道每周巡查一次,恶劣天气(如大风、暴雨、暴雪、地震等)过后增加巡查一次;公司外部管道每天巡查一次,巡查完成后应做好巡查记录。

(6)巡查工作内容:管道有无变形、泄漏、移位,安全附件有无损坏,附属设施有无损坏,管道周围有无挖土、施工等。

(7)巡线人员发现管道周围 25 m 范围内存在挖土或施工时,应告知施工方注意保护管道;发现管道周围 5 m 范围内存在挖土或施工时,应向公司特种设备管理科或公司安全部报告,由公司与施工方交涉,要求施工方做好管道保护工作,同时巡查人员应做好现场监控工作,保护管道安全运行。

4.1.19 压力管道事故报告和处理制度

为了规范压力管道事故报告和调查处理工作,及时准确查清事故原因,防止和减少同类事故的重复发生,根据《中华人民共和国特种设备安全法》《特种设备事故报告和调查处理规定》,特制定本制度。详见第1章1.1.5条。

4.1.20 安全附件及连锁保护装置管理制度

为了规范单位压力管道安全附件及连锁保护装置的管理,保证安全附件及连锁保护装置工作的可靠性,确保特种设备作业人员和设备的安全,特制定本制度。详见第1章1.1.14条。

4.2 压力管道事故应急预案

4.2.1 事故类型和危害程度分析

目前公司压力管道主要有高温介质管道、低温介质管道、易燃易爆介质管道、有毒有害介质管道等。压力管道事故可能造成人身伤害和财物损失,事故类型包括安全装置失效、压力管道超温超压、泄漏、异常变形、异常振动、着火、爆炸等事故。

4.2.2 应急处置基本原则

坚持快速反应、统一指挥、分工协作、形成合力、分级管理、单位自救与社会救援相结合的原则。迅速、妥善地处理和防止事故扩大,最大限度地减少人员伤亡和财产损失,把事故危害降低到最低程度。

4.2.3 组织机构及职责

4.2.3.1 组织机构

成立事故应急处理指挥部。

总指挥:公司经理、董事长。

副总指挥:主管设备副经理、主管生产副经理。

成员:安全管理部、设备部、职工医院及公司各处室负责人。

4.2.3.2 职责

1. 事故应急处理指挥部职责

(1)组织指挥压力管道使用单位对事故现场应急抢险救援工作,控制事故蔓延和扩大。

(2)核实现场人员伤亡和损失,及时向上级汇报抢险救援工作及事故应急处理的进展情况。

(3)落实事故应急处理的有关抢险救援措施。

2. 总指挥职责

(1)负责监督检查公司各部门对压力管道事故应急救援预案的应急演练。压力管道事故发生后,成立现场指挥部,批准现场救援方案,组织现场抢救。

(2)负责召集、协调各有关部门和使用部门的现场负责人研究现场抢险救援方案,制订具体抢险救援措施。

(3)负责指挥现场应急抢险救援工作。

3. 副总指挥的职责

协助总指挥成立现场指挥部,批准现场救援方案;负责组织实施具体抢险救援工作。

4. 各组分工及职责

为实现对管道事故应急救援工作的统一指挥、分级负责、组织到位和责任到人,指挥部下设八个工作组,具体负责组织指挥现场抢险救灾工作。

1)现场指挥组

组长:主管生产副经理。

成员:生产管理部主任、各车间(分厂、工段)主任。

主要职责:

(1)负责指挥现场救援救治队伍。

(2)组织调配救援的人员、物资。

(3)协助总指挥研究制订、变更事故救援方案。

2)抢险救灾组

组长:主管安全副经理。

成员:安全管理部主任、车间(分厂、工段)主管安全副主任、安全管理员及操作工、维修工。

主要职责:

(1)指挥现场救护工作,负责实施指挥部制订的抢险救灾技术方案和安全技术措施。

(2)快速制订抢险救护队的行动计划和安全技术措施。

(3)组织指挥现场抢险救灾、救灾物资及伤员转送工作。

(4)合理组织和调动救援力量,保证抢险救灾任务的完成。

3)技术专家组

组长:总工程师(或主管技术副经理)。

成员:技术部主任、总工办主任。

主要职责:

(1)根据事故性质、类别、影响范围等基本情况,迅速制订抢险救灾方案、技术措施,报总指挥同意后实施。

(2)制订并实施防止事故扩大的安全防范措施。

(3)解决事故抢险过程中的技术难题。

(4)审定事故原因分析报告,报总指挥阅批。

4)物资后勤保障组

组长:主管经营副经理。

成员:供应部主任、设备部主任、仓库主任、行政(后勤)部主任。

主要职责:

(1)负责抢险救灾中物资和设备的及时供应。

(2)筹集、调集应急救援的供风、供电、给排水设备。

(3)负责食宿接待、车辆调度、供电、通信等工作。

(4)承办指挥部交办的其他工作。

5)治安保卫组

组长:保卫部主任。

成员:全体保卫科人员。

主要职责:

(1)组织保卫部人员对事故现场进行警戒、戒严和维持秩序,维护事故发生区域的治安和交通秩序。

(2)指挥疏散事故影响区域的人员。

(3)完成指挥部交办的其他工作。

6)医疗救护组

组长:工会主席(或主管后勤副经理)。

成员:职工医院院长(或医务室主任、附近医院院长)、工会干事及医护人员。

主要职责:

(1)立即赶赴现场对受伤人员进行救护。

(2)负责制订医疗救护方案,并组织医疗救治。

7)信息发布组

负责人:主管行政副经理。

成员:党政办公室工作人员及其他相关人员。

主要职责:

(1)负责事故信息发布工作,按照指挥部提供的事故救援信息向社会公告事故性质、救援进展情况等。

(2)向各级政府部门、报社、广播电台、电视台等主要新闻媒体汇报现场救援工作。

(3)正确引导媒体和公众舆论。

8)善后处理组

组长:党委书记(或总经理、董事长)。

成员:工会、人力资源部、党政工作部等部门主任。

主要职责:

(1)负责事故中遇难人员的遗体、遗物处置。

(2)负责事故伤亡人员亲属的安抚接待、抚恤金发放等善后处理工作。

5.各部门职责

1)生产计划部(及调度室)

坚持24 h应急值守,并做好下列工作:

(1)及时准确地上报事故情况,传达总指挥命令。

（2）召集有关人员在生产计划部（及调度室）待命，做好响应的准备工作。

（3）了解并记录事故发生时间和地点、灾害情况和现场采取的救援措施。

（4）核实、统计事故区域人数，按照指挥部命令，通知事故区域人员撤离。

（5）整理抢险救援命令，要做好详细应急处置记录，及时掌握抢险事故现场进展情况和救援情况。

（6）按照指挥部的要求全面协调和指导事故应急救援工作，调用应急救援物资、抢险人员、设备和有关专家。

（7）负责起草事故应急救援工作报告。

（8）完成总指挥交给的其他任务。

2）党政工作部

坚持 24 h 应急值守，并做好下列工作：

（1）及时向总指挥报告事故信息，传达总指挥关于救援工作的批示和意见。

（2）接受上级部门领导的重要批示、指示，立即呈报总指挥阅批并负责督办落实。

（3）保证事故抢险需要的车辆。

（4）承办指挥部交办的其他工作。

3）安全管理部

坚持 24 h 应急值守，并做好下列工作：

（1）及时向指挥部汇报事故信息。

（2）按照总指挥指示，组织工会、技术、设备等有关人员进行事故调查，及时向指挥部提供事故调查情况。

（3）参与上级部门的事故调查，负责向事故调查组提供事故有关情况、资料，对于重要事项必须向总指挥请示。

（4）负责现场安全措施的督办落实。

（5）完成指挥部交给的其他任务。

4）职工医院（或医务室、附近医院）

坚持 24 h 应急值守，并做好下列工作：

（1）时刻做好应急救援救治工作，接警后迅速组建现场救治医疗队伍，5 min 内派出救护队伍。

（2）筹集调集应急救援救治药品、车辆等，及时提供救护所需物品。

（3）完成指挥部交给的其他任务。

5）供应部

坚持 24 h 应急值守；保障事故抢救物资的供应，确保应急救援工作的顺利开展。

6）技术部、设备管理部

（1）提供事故区域图纸和有关技术资料。

（2）根据指挥部命令完成现场相关检测、测量工作。

（3）结合实际情况，制订相应的技术方案、防范措施。

（4）负责起草事故原因分析报告。

（5）完成总指挥交给的其他任务。

7）财务部

（1）为事故救援配备救援设备、器材，提供经费支持。

（2）保证事故善后处理所需资金及时到位。

8）工会

参与事故调查、善后处理等工作。

9）其他部门

各相关部门完成指挥部交办的任务。

4.2.4　监控与预防

4.2.4.1　危险源监控

（1）为确保压力管道安全附件齐全有效，公司采取管道安全附件定点、定时巡检的综合预防措施。

（2）定期组织压力管道操作人员进行技术培训和安全教育。

（3）制订和实施压力管道定期检查、检修及检验计划。

（4）定期对压力管道的使用情况进行现场检查并做好记录，及时解决压力管道在使用过程中出现的问题和事故隐患。

4.2.4.2　预防措施

1. 安全装置失效的预防措施

（1）每周对安全装置进行一次检查，如发现问题及时进行维修或更换。

（2）每季度对安全装置进行一次维护，使安全装置始终处于完好状态。

（3）每年对安全装置进行一次检定或校验，使安全装置处于可靠状态。

2. 压力管道超温超压的预防措施

（1）上游物料超温引起管道超温时，应立即关小进料阀门，减少上游来料，同时开大物料排放阀门。

（2）上游物料超压引起管道超压时，应立即关小或关闭进料阀门，开大出料阀门，同时开启物料放空阀。

3. 压力管道泄漏的预防措施

（1）阀门或其他螺栓处泄漏时，应首先降低管道压力，待压力小于 0.1 MPa 时，可通过紧固螺栓消除泄漏。

（2）管道焊缝处泄漏时，应立即卸掉管道压力，卸掉管道内的物料，详细检查泄漏原因，并按照有关规定进行修理。

（3）管道压力超过 0.3 MPa 时，不得进行紧固螺栓的操作，以防螺栓突然失效造成更大的事故。

4. 压力管道异常变形的预防措施

引起管道异常变形的原因主要有以下几种：

（1）由于腐蚀引起的管道异常变形。

（2）由于超温引起的管道异常变形。

（3）由于支吊装置损坏引起的管道异常变形。

管道使用中应特别注意采取相应措施,防止腐蚀、超温、支吊装置损坏现象的发生。

5.压力管道异常振动的预防措施

(1)由于共振引起管道异常振动时,应立即开大或关小阀门,改变介质流速,消除共振。

(2)由于泵、压缩机等运转机械的振动引起管道异常振动时,应立即停止运转机械,检查产生振动的原因,并予以消除。

(3)由于容器搅拌装置引起管道异常振动时,应立即停止搅拌装置的运行,检查产生振动的原因,并予以消除。

6.压力管道着火的预防措施

(1)泄漏引起的压力管道着火,预防措施见"3.压力管道泄漏的预防措施"。

(2)爆炸引起的压力管道着火,预防措施见"7.压力管道爆炸的预防措施"。

(3)其他物品失火引起的压力管道着火,应立即采用二氧化碳灭火器或其他相应的灭火器进行灭火。

7.压力管道爆炸的预防措施

(1)泄漏引起的压力管道爆炸,预防措施见"3.压力管道泄漏的预防措施"。

(2)着火引起的压力管道爆炸,预防措施见"6.压力管道着火的预防措施"。

(3)超温超压引起的压力管道爆炸,预防措施见"2.压力管道超温超压的预防措施"。

(4)安全装置失效引起的压力管道爆炸,预防措施见"1.安全装置失效的预防措施"。

4.2.5 事故报告与响应

4.2.5.1 事故报告

(1)发生管道事故时,值班人员应立即向车间(分厂、工段)主任、安全管理部、公司生产管理部汇报,同时采取必要的处理措施。

(2)事故现场发生火灾时,现场的值班人员应立即组织人员采取一切可能的措施直接进行灭火,并向车间(分厂)主任、安全管理部、公司生产管理部汇报。如果火势较大,不能控制时,应通知所有可能受火灾威胁地区的人员按避灾路线进行撤退,同时拨打火灾报警电话119进行报警。

(3)管道发生有毒有害介质泄漏时,现场的值班人员应立即组织事故设备附近人员进行撤离,同时向车间(分厂、工段)主任、安全管理部、公司生产管理部汇报。如果泄漏严重,不能控制时,应通知所有可能受泄漏威胁地区的人员按避灾路线进行撤退,上报公司安全管理部,同时拨打应急管理局、市场监督管理局值班电话进行报告。

(4)公司安全管理部接到事故报告后,应立即通知公司领导,由公司领导根据事故情况确定响应级别,确定事故上报部门、上报内容,是否向外求援等。事故关联单位电话如下:

××市市场监督管理局值班电话:×××××××

××市应急管理局值班电话:×××××××

××市政府应急值班电话:×××××××

××市应急救援电话:×××××××

××医院急救电话:×××××××

4.2.5.2　应急响应

一级响应:管道发生着火、爆炸事故,或发生严重泄漏需要附近企业职工、居民撤离时为一级响应。公司总经理(或党委书记、董事长)担任指挥,全公司响应,各部门按照原定分工,各司其职,立即行动,同时向上级有关部门进行事故报告。

二级响应:管道发生一般泄漏、超温超压事故时为二级响应。由公司安全副总担任指挥,公司安全管理部、车间(分厂、工段)进行响应,其他部门进行配合,同时向上级有关部门进行事故报告。

三级响应:管道发生异常变形、异常振动、安全装置失灵等事故时为三级响应。车间(分厂、工段)主任担任指挥,公司安全管理部、车间(分厂、工段)进行响应,其他部门进行配合。

4.2.6　应急处置原则

4.2.6.1　管道发生着火、爆炸事故或发生严重泄漏事故时的处置原则,即一级响应处置原则

(1)布置现场安全警戒,保证现场救援井然有序,保证现场道路通畅,禁止无关人员及车辆通行。

(2)在现场处置时首先抢救受伤人员,同时要确保救灾人员自身安全。

(3)及时采取有效措施,控制事故向周边地带的蔓延。

(4)立即切断事故车间(分厂、工段)的蒸汽及动力电源供应,防止发生次生灾害。

(5)通知当地政府、相关企业做好人员撤离工作。

(6)处置过程中相关物品不得移动;如为救人确实需要移动物品,移动时要做好记录。

4.2.6.2　管道发生一般泄漏、超温超压事故时的处置原则,即二级响应处置原则

(1)布置现场安全警戒,保证现场道路通畅。

(2)在现场处置时首先抢救受伤人员,同时要确保救灾人员自身安全。

(3)及时做好附近人员的撤离工作。

(4)立即组织人员进行堵漏作业,防止发生次生灾害。

(5)切断物料供给,加大物料排放,加大冷却介质的流量,将管道的温度、压力降至安全工况。

(6)通知相关车间(或分厂、工段)做好停产的处置工作。

4.2.6.3　管道发生异常变形、异常振动、安全装置失效等事故时的处置原则,即三级响应处置原则

(1)查明管道变形的原因,立即进行处置,停止该管道的使用,对其进行检查、维修或更换。

(2)查明管道振动的原因,立即进行处置,将振动控制在正常范围内。

(3)查明管道安全装置失效的原因,立即停用该管道,对安全装置进行维修或更换。

4.2.7　应急物资与装备保障

特殊物资:沙子、黄土若干。

消防和特殊设备:干粉灭火器 x 台,二氧化碳灭火器 x 台,消防栓、消防水带 x 个。

4.3　压力管道安全管理记录

4.3.1　压力管道设计审查记录

　　压力管道设计审查记录主要记录管道设计参数及执行标准与设计要求的符合情况,详见表4-1。

表 4-1　压力管道设计审查记录

管道(工程)编号:＿＿＿＿＿＿＿＿＿　　　　　　日期:＿＿＿＿＿＿＿＿＿

序号	审查项目	审查结果	备注
1	设计单位资质		
2	管道设计参数与设计要求是否一致		
3	管道设计执行标准是否与现行标准一致		
4	管道设计图纸(包括支、吊架)是否完整		
5	管道强度计算资料是否齐全		
6	管道应力分析资料是否齐全		
7	管道材料表内容是否齐全		
8	管道施工技术要求是否完整		
9	其他		

参加审核人员:＿＿＿＿＿＿＿＿＿

4.3.2　压力管道材料验收记录

　　压力管道材料验收记录主要记录采购的材料与设计要求的符合情况,详见表4-2。

表 4-2　压力管道材料验收记录

管道(工程)编号:＿＿＿＿＿＿＿＿＿　　　　　　日期:＿＿＿＿＿＿＿＿＿

序号	验收项目	验收结果	备注
1	材料供应商是否在合格供方名录内		
2	材料生产商是否取得相应制造许可证		
3	材料采购的规格、种类是否与设计一致		
4	各种材料的执行标准是否与设计一致		
5	合金钢材料的光谱复查记录		
6	阀门的压力试验记录		
7	流量计、工厂化预制管段监检证明		
8	其他		

材料验收人:＿＿＿＿＿＿＿＿＿

4.3.3　压力管道施工验收记录

压力管道施工验收记录主要记录施工项目、资料与设计要求的符合情况,详见表4-3。

表 4-3　压力管道施工验收记录

管道(工程)编号:_____　　　　　　　日期:_____

序号	验收项目	验收结果	备注
1	施工方是否在合格供方名录内		
2	施工合同是否经过评审		
3	管道材料验收记录(包括类别、材质、规格等)		
4	合金钢材料、阀门复验记录		
5	管道隐蔽工程验收记录		
6	管道无损检测报告		
7	管道压力试验、气密试验记录		
8	管道防腐、保温验收记录		
9	管道吹扫、试运行记录		
10	管道施工质量证明书		
11	其他		

施工验收人:_____

4.3.4　压力管道运行记录

压力管道运行记录主要记录管道运行参数与设计参数的符合情况,一般每小时记录一次,详见表4-4。

表 4-4　压力管道运行记录

管道(工程)编号:_____　　　　　　　日期:_____

序号	时间	运行参数		介质	异常情况	备注
1		压力　　MPa,温度	℃			
2		压力　　MPa,温度	℃			
3		压力　　MPa,温度	℃			
4		压力　　MPa,温度	℃			
5		压力　　MPa,温度	℃			
6		压力　　MPa,温度	℃			
7		压力　　MPa,温度	℃			
8		压力　　MPa,温度	℃			
9		压力　　MPa,温度	℃			

记录人:_____

4.3.5 压力管道安全检查记录

压力管道安全检查记录主要记录管道运行参数及安全状况,一般每月检查一次,详见表4-5。

表 4-5 压力管道安全检查记录

管道(工程)编号:_____   日期:_____

序号	检查项目	检查结果		备注
1	工艺参数及介质	压力 MPa		
		温度 ℃		
		介质		
2	设备状况	变形		
		鼓包		
		泄漏		
		振动		
		碰磨		
		隔热层		
		阀门		
		支、吊架		
		基础		
3	安全保护装置	压力表		
		温度计		
		安全阀		
		连锁保护装置		
4	其他			

检查人:_____

4.3.6 压力管道年度安全检查记录

压力管道年度安全检查记录主要记录管道基本信息、安全管理制度、档案资料及现场检查情况等,一般每年检查一次,详见表4-6。

表 4-6　压力管道年度安全检查记录

管道(工程)编号：_____　　　　　　　　　日期：_____

序号	检查内容	检查结果	备注
1	管道基本信息表、台账与实物是否一致		
2	管道安全管理制度是否齐全		
3	管道档案资料是否齐全		
4	管道各种运行、检查记录是否齐全		
5	管道外观检查有无异常		
6	管道基础检查有无异常		
7	管道隔热层检查有无异常		
8	安全附件及控制仪表有无异常		
9	管道操作人员是否经过培训、考核		
10	其他		

检查人：_____

4.3.7　压力管道维护保养记录

　　压力管道维护保养记录主要记录管道维护保养内容及现场检查情况等,一般与管道维护保养一起进行,详见表4-7。

表 4-7　压力管道维护保养记录

管道(工程)编号：_____　　　　　　　　检查日期：_____

序号	维护保养内容	检查结果	检查人	备注
1	防腐层、隔热层			
2	消除"跑、冒、滴、漏"			
3	安全保护装置(包括压力表、安全阀、爆破片、紧急切断阀等)			
4	消除管道振动			
5	介质排放、置换、清洗、干燥			
6	管道积灰			
7	管道支、吊架			
8	管道基础			
9	其他			

记录人：_____

4.3.8　压力管道紧急停用记录

　　压力管道紧急停用记录主要记录管道紧急停用原因及现场操作等情况,详见表4-8。

表 4-8 压力管道紧急停用记录

管道(工程)编号:＿＿＿＿＿＿＿　　　　　　　　停用日期:＿＿＿＿＿

停用操作人		停用批准人	
停用原因			
操作步骤			
备注			

记录人:＿＿＿＿＿＿＿＿＿

4.3.9　压力管道巡回检查记录

压力管道巡回检查记录主要记录巡回检查时管道运行情况,如工艺参数、泄漏、振动、安全保护装置等情况,一般每周进行一次,详见表4-9。

表 4-9 压力管道巡回检查记录

管道(工程)编号:＿＿＿＿＿＿　　　　　　　　检查日期:＿＿＿＿＿

序号	检查内容	检查结果	检查人	备注
1	工艺参数			
2	泄漏			
3	隔热层、防腐层			
4	振动、摩擦			
5	支、吊架,基础			
6	阀门、安全保护装置			
7	静电跨接			
8	阴、阳极保护			
9	其他			

记录人:＿＿＿＿＿＿＿＿＿

4.3.10　压力管道检修准备确认记录

压力管道检修准备确认记录主要记录检修前对管道的安全确认情况及检修的主要内容,一般管道检修前应进行一次,详见表4-10。

表 4-10　压力管道检修准备确认记录

管道(工程)编号：_____

序号	检修前检查内容	检查结果	备注
1	管道温度、压力	MPa,　℃	
2	管道置换、清洗、吹扫情况		
3	检修管道是否用盲板与其他管道隔断		
4	管道内介质的取样分析		
5	需要检修的管件		
6	需要检修的阀门		
7	需要检修的安全保护装置(安全阀、压力表、流量计、爆破片、紧急切断阀)		
8	需要检修的隔热层		
9	需要检修的支、吊架		
10	需要检修的基础		
11	其他		

检查人：_____　　　　　　　　　　　日期：_____

4.3.11　压力管道计算机管理记录

压力管道计算机管理记录主要记录管道的设计、安装、检验、检修、使用等方面内容。压力管道计算机管理记录一般应随管道状况的变化及时更新。内容详见表 4-11。

表 4-11　压力管道计算机管理记录　　　　　　记录日期：_____

序号	管道编号	管道名称	设计单位	安装单位	投用日期及级别	管道规格(直径×壁厚×长度)	材质	设计参数(压力/温度)	介质	检验时间及结论	下次检验日期	紧急停用原因及时间	维保单位	维保内容及时间	验收结果及人员	备注
1																
2																
3																
4																
5																
6																
7																
8																
9																
10																

记录人：_____

4.3.12　压力管道启动记录

　　压力管道启动记录主要记录管道启动时的各方面内容,如升(降)温速度、升压速度、介质置换等。内容详见表4-12。

表 4-12　压力管道启动记录

管道(工程)编号:_____　　　　　　启动日期:_____

序号	检查内容	检查结果	检查人	备注
1	升温速度	℃/h		
2	降温速度	℃/h		
3	升压速度	MPa/h		
4	介质置换			
5	启动开始时间			
6	启动结束时间			
7	其他			

记录人:_____

4.3.13　压力管道停用记录

　　压力管道停用记录主要记录管道停用时各方面的检查内容,如介质排放、管道介质置换、管道密封、防腐层维护等。内容详见表4-13。

表 4-13　压力管道停用记录

管道(工程)编号:_____　　　　　　停用日期:_____

序号	检查内容	检查结果	备注
1	介质排放		
2	管道介质置换、清洗、干燥		
3	管道密封		
4	防腐层、隔热层维护		
5	管道外壁油漆		
6	安全附件、阀门、仪表维护		
7	辅助设施维护,如支架、爬梯、吊杆等		
8	其他		

检查人:_____

4.3.14　压力管道巡查(线)记录

　　压力管道巡查(线)记录主要记录管道巡查(线)时各方面的检查内容及结果,如管道有无泄漏,支、吊架有无损坏,安全附件有无损坏等。内容详见表4-14。

表 4-14　压力管道巡查(线)记录

管道编号：_____　　　　　　　　　　　　　　时间：_____

序号	巡查内容	巡查结果	备注
1	管道有无变形、泄漏、移位		
2	防腐层有无破损		
3	隔热层有无破损		
4	安全附件有无损坏		
5	阀门及阀门井有无损坏		
6	支、吊架有无损坏		
7	管桩、管廊有无损坏		
8	标志桩有无损坏		
9	阴极保护设施有无损坏		
10	其他		

巡查人：_____

第 5 章　承压类特种设备事故应急救援预案

　　承压类特种设备事故应急救援预案是国家对承压类特种设备使用单位的一项基本要求,其内容主要包括事故应急救援预案适用范围、应急救援组织、应急救援响应、应急处置、应急救援等方面,同时也应该包括事故应急救援预案的演练、管理等。

5.1　承压类特种设备事故危害特征及应急救援预案的基本要求

5.1.1　承压类特种设备事故危害特征

5.1.1.1　锅炉事故的危害特征

　　作为最早被纳入特种设备监督管理的锅炉广泛应用于电力、机械、冶金、石油化工和日常生活中。锅炉事故主要危害特征有:

　　(1)锅炉承压部件的断裂破坏伴随着介质的能量释放形成爆炸,具有巨大的破坏力,不仅损坏设备本身,而且损坏周围的设备和建筑,并常常造成人身伤亡,后果极其严重。

　　(2)锅炉介质泄漏造成烫伤。

　　(3)易燃、易爆燃料的泄漏造成燃爆或火灾事故。

5.1.1.2　压力容器事故的危害特征

　　随着国民经济的发展和科学技术的进步,压力容器在石油、化工、制药、冶金等行业被广泛使用,并不断向高参数、大型化发展,其操作工艺条件多为高温(低温)、高压等工况,工作介质往往具有易燃、易爆、有毒及腐蚀性等特点,这些压力容器一旦发生爆炸事故,易产生灾难性的后果,危及人民生命安全,造成国家财产的严重损失。压力容器事故的主要危害特征有:

　　(1)压力容器发生破裂后,有毒物质的大量外泄会造成人员中毒事故;可燃性物质的大量泄漏,还会引起火灾和爆炸事故,后果十分严重。

　　(2)压力容器在运行中由于超压、过热、腐蚀、磨损等,超过受压元件的承载极限,发生爆炸、撕裂等事故。

　　(3)压力容器发生爆炸事故后,不但事故设备被毁,还波及周围的设备、建筑和人群,其爆炸直接产生的碎片能飞出数百米,并能产生巨大的冲击波,其破坏力与杀伤力极大。

5.1.1.3　压力管道事故的危害特征

　　压力管道工作介质往往具有高温、易燃、易爆、有毒、腐蚀性等特点,这对管道的安全运行带来巨大的威胁。压力管道事故的主要危害特征有:

　　(1)压力管道的主要事故表现形式分为泄漏和爆炸两大类,其中泄漏占绝大多数。管道泄漏可能造成人员烫伤、中毒,也可能造成燃烧、爆炸等次生事故。

　　(2)管道内可燃介质逸出后可造成气体爆炸、火灾,如果是有毒介质逸出,还会造成中毒及环境污染。爆炸可能造成人员伤亡及周围建筑、设备的损坏。

5.1.2　承压类特种设备事故应急救援预案的基本要求

特种设备安全关系到人民生命财产安全,特种设备事故应急管理工作对构建和谐社会、增进人民福祉有着重要意义。特种设备事故的一个显著特征是:发生事故后,如果控制不当,容易造成事故的进一步扩大,甚至发生次生灾害。因此,加强特种设备事故应急救援预案的编制、管理及演练,提高预防和处置突发事件的能力,是关系国家经济社会发展全局和人民群众生命财产安全的大事。

近年来,我国政府相继颁布了一系列法律法规和安全技术规范,如《中华人民共和国突发事件应对法》《中华人民共和国安全生产法》《中华人民共和国特种设备安全法》《特种设备安全监察条例》《特种设备事故报告和调查处理规定》《关于特大安全事故行政责任追究的规定》《特种设备事故报告和调查处理导则》等,这些法律法规和安全技术规范对特种设备突发事件及事故的应急处置工作提出了明确要求。

2007 年颁布的《中华人民共和国突发事件应对法》第十七条规定,"国家建立健全突发事件应急预案体系。国务院制定国家突发事件总体应急预案,组织制定国家突发事件专项应急预案;国务院有关部门根据各自的职责和国务院相关应急预案要求,制定国家突发事件部门应急预案。县级以上地方各级人民政府有关部门根据有关法律、法规、规章、上级人民政府及其有关部门的应急预案以及本地区的实际情况,制定相应的突发事件应急预案。应急预案制定机关应当根据实际需要和情势变化,适时修订应急预案。应急预案的制定、修订程序由国务院规定。"第六十四条规定,"有关单位未按规定采取预防措施,导致发生严重突发事件的;未及时消除已发现的可能引发突发事件的隐患,导致发生严重突发事件的;未做好应急设备、设施日常维护、检测工作,导致发生严重突发事件或者突发事件危害扩大的;突发事件发生后,不及时组织开展应急救援工作,造成严重后果的。由所在地履行统一领导职责的人民政府责令停产停业,暂扣或者吊销许可证或者营业执照,并处五万元以上二十万元以下的罚款;构成违反治安管理行为的,由公安机关依法给予处罚。"

2014 年修改颁布的《中华人民共和国安全生产法》第十八条规定,"生产经营单位的主要负责人具有组织制定并实施本单位的生产安全事故应急救援预案的职责。"第二十二条规定,"生产经营单位的安全生产管理机构以及安全生产管理人员履行下列职责:组织或者参与拟订本单位生产安全事故应急救援预案;组织或者参与本单位应急救援演练。"第三十八条规定,"生产经营单位对重大危险源应当制定应急救援预案,并告知从业人员和相关人员在紧急情况下应当采取的应急措施。第七十六条规定,"国家加强生产安全事故应急能力建设,在重点行业、领域建立应急救援基地和应急救援队伍,鼓励生产经营单位和其他社会力量建立应急救援队伍,配备相应的应急救援装备和物资,提高应急救援的专业化水平。国务院安全生产监督管理部门(现改为应急管理部)建立全国统一的生产安全事故应急救援信息系统,国务院有关部门建立健全相关行业、领域的生产安全事故应急救援信息系统。"第七十八条规定,"生产经营单位应当制定本单位生产安全事故应急救援预案,与所在地县级以上地方人民政府组织制定的生产安全事故应急救援预案相衔接,并定期组织演练。"第九十四条规定,"生产经营单位未按照规定制定生产安全事故应急救援预案或者未定期组织演练的,责令限期改正,可以处 5 万元以下的罚款;逾期未改正的,责令停产停业整顿,并处 5 万元以上 10 万元以下的罚款,对其直接负责的主管人员和其他直接责任人员处 1 万元以上 2 万元以下的罚款。"第九十八条规定,"生产经营单位未制定应急预案的,责令限期改正,可以处 10 万元以下的罚款;逾期未改正的,责令停产停业整顿,并处 10 万元以上 20 万元以下的罚款,对其直接负责的主管人员和其他直接责任人员处 2 万元以上 5 万元以下的罚款;构成犯罪的,依照刑法有关规定追究刑事责任。"

2014 年颁布的《中华人民共和国特种设备安全法》第三十四条规定,"特种设备使用单位应当建立应急救援安全管理制度,制定操作规程,保证特种设备安全运行。"第六十九条规定,"县级以上地方各级人民政府及其负责特种设备安全监督管理的部门应当依法组织制定本行政区域内特种设备事故应急预案,建立或者纳入相应的应急处置与救援体系。特种设备使用单位应当制定特种设备事故应急专项预案,并定期进行应急演练。"第七十条规定,"特种设备发生事故后,事故发生单位应当按照应急预案采取措施,组织抢救,防止事故扩大,减少人员伤亡和财产损失,保护事故现场和有关证据,并及时向事故发生地县级以上人民政府负责特种设备安全监督管理的部门和有关部门报告。"第八十三条规定,"特种设备使用单位未制定特种设备事故应急专项预案的,责令限期改正;逾期未改正的,责令停止使用有关特种设备,处 1 万元以上 10 万元以下罚款。"

这些法律法规明确了各级政府部门、特种设备使用单位在应急救援工作中的职能、工作机制等内容,是指导预防和处置各类突发公共事件的法律支撑,也是各级政府部门、特种设备使用单位制定事故应急救援预案的基本依据。

5.2 承压类特种设备事故应急救援预案

5.2.1 承压类特种设备事故应急救援预案编制的基本要求

2014 年修改颁布的《中华人民共和国安全生产法》第二十二条规定,"生产经营单位的安全生产管理机构以及安全生产管理人员履行下列职责:组织或者参与拟订本单位安全生产规章制度、操作规程和生产安全事故应急救援预案;组织或者参与本单位应急救援演练。"第三十七条规定,"生产经营单位对重大危险源应当制定应急救援预案,并告知从业人员和相关人员在紧急情况下应当采取的应急措施。"2014 年颁布的《中华人民共和国特种设备安全法》第三十四条规定,"特种设备使用单位应当建立岗位责任、隐患治理、应急救援等安全管理制度,制定操作规程,保证特种设备安全运行。"据此,各特种设备使用单位均应编制特种设备事故应急预案。

特种设备使用单位的特种设备事故应急预案一般应包括(但不限于)以下内容:编制目的、编制依据、适用范围、单位基本情况、应急处置原则、应急救援组织体系及职责、监控与预防、应急响应、应急救援、应急保障、事故调查、其他等。按照《特种设备使用管理规则》的要求设置特种设备安全管理机构和配备专职安全管理员的使用单位,应当制定特种设备事故应急专项预案,每年至少演练一次,并且做好记录;其他使用单位可以在综合应急预案中编制特种设备事故应急的内容,适时开展特种设备事故应急演练,并且做好记录。

需要特别指出的是,每个特种设备使用单位使用的特种设备都不尽相同,每个特种设备使用单位都有自身的特点,特种设备使用单位编制特种设备事故应急救援预案一定要切合本单位使用的特种设备的特点和本单位的实际,应急救援预案应具有可操作性,并定期进行预案的演练,最大程度上减少特种设备事故的危害。切不可脱离本单位实际,照抄照搬其他单位的应急预案。

5.2.2 典型事故应急救援预案示例

以下给出了某公司的承压类特种设备事故应急救援预案,可作为特种设备使用单位编制特种设备事故应急救援预案时的参考。

××公司承压类特种设备事故应急救援预案

1. 目的

为了加强对锅炉、压力容器、压力管道事故的有效控制,提高处理突发事件的应急救援能力,保证迅速、有序、有效地开展应急救援行动,抢救遇险人员和控制事故扩大,将事故损失减少到最小程度,依照《中华人民共和国特种设备安全法》和有关法律、法规及公司的相关规定,特制定本预案。

2. 适用范围

本预案适用于公司所属锅炉、压力容器、压力管道等承压类特种设备的事故应急处置、救援、事故调查等。

3. 引用标准

(1)《中华人民共和国特种设备安全法》。

(2)《中华人民共和国安全生产法》。

(3)《中华人民共和国突发事件应对法》。

(4)《特种设备安全监察条例》。

(5)《特种设备事故报告和调查处理规定》。

(6)《特种设备事故报告和调查处理导则》。

(7)《锅炉安全技术规程》。

(8)《压力管道安全技术监察规程——工业管道》。

(9)《固定式压力容器安全技术监察规程》。

(10)《移动式压力容器安全技术监察规程》。

(11)《特种设备使用管理规则》。

4. 基本情况

本公司特种设备现在有锅炉××台、压力容器××台、压力管道××××m。

风险评估:锅炉、压力容器、压力管道事故可能造成人身伤害和财物损失,事故类别包括安全装置失效、设备超温超压、泄漏、异常变形、异常振动、着火、爆炸等事故。

5. 应急处置基本原则

坚持快速反应、统一指挥、分工协作,形成合力、分级管理,单位自救与社会救援相结合的原则。迅速、妥善地处理和防止事故扩大,最大限度地减少人员伤亡和财产损失,把事故危害降低到最低程度。

6. 应急救援组织机构及职责

1) 组织机构

成立事故应急救援指挥部。

总指挥:公司经理(或董事长)。

副总指挥:主管设备副经理、主管生产副经理、主管行政副经理、总工程师等。

成员:安全管理科、设备科、环保科、职工医院、工会主席及公司各科室负责人。

2) 职责

A. 事故应急救援指挥部职责

(1)组织指挥承压类特种设备使用单位对事故现场进行应急抢险救援工作,控制事故蔓延和扩大。

(2)核实现场人员伤亡和损失,及时向上级汇报抢险救援工作及事故应急处理的进展情况。

(3)落实事故应急处理有关抢险救援措施。

(4)组织做好事故的善后处理工作。

B. 总指挥职责

(1)负责监督检查公司各部门对承压类特种设备事故应急救援预案的应急演练。锅炉、压力容器、压力管道事故发生后,成立现场指挥部,批准事故现场救援方案,组织现场救援工作。

(2)负责召集、协调各有关部门负责人研究制定事故现场抢险救援方案,制订具体抢险救援措施。

(3)负责指挥现场应急抢险救援工作。

C. 副总指挥的职责

协助总指挥成立现场指挥部,批准事故现场救援方案;负责组织实施具体抢险救援工作。

D. 分工及职责

为实现对承压类特种设备事故应急工作的统一指挥、分级负责、组织到位和责任到人,指挥部下设八个工作组,具体负责组织指挥现场抢险救灾工作。

D1. 现场指挥组

组长:主管生产副经理。

成员:生产管理部主任、各车间(分厂、工段)负责人。

主要职责:

(1)负责指挥现场救援救治队伍。

(2)组织调配救援的人员、物资。

(3)协助总指挥研究制定变更事故救援方案。

D2. 抢险救灾组

组长：主管安全副经理。

成员：安全管理科科长、车间（分厂）主管安全副主任、安全管理员及操作工、维修工。

主要职责：

（1）指挥现场救护工作，负责实施指挥部制定的抢险救援技术方案和安全技术措施。

（2）快速制订抢险救护队的行动计划和安全技术措施。

（3）组织指挥现场抢险救灾、救灾物资及伤员转送。

（4）合理组织和调动救援力量，保证救护任务的完成。

D3. 技术专家组

组长：总工程师。

成员：技术科科长、总工办主任。

主要职责：

（1）根据事故性质、类别、影响范围等基本情况，迅速制定抢险与救灾方案、技术措施，报总指挥同意后实施。

（2）制定并实施防止事故扩大的安全防范措施。

（3）解决事故抢险过程中的技术难题。

（4）审定事故原因分析报告，报总指挥阅批。

D4. 物资后勤保障组

组长：主管经营副经理。

成员：供应科科长、设备科科长、仓库主任、行政（后勤）科科长。

主要职责：

（1）负责抢险救灾中物资和设备的及时供应。

（2）筹集、调集应急救援供风、供电、给排水设备。

（3）负责食宿接待、车辆调度、供电、通信等工作。

（4）承办指挥部交办的其他工作。

D5. 治安保卫组

组长：保卫科科长。

成员：全体保卫科人员。

主要职责：

（1）组织保卫科人员对事故现场进行警戒、戒严和维持秩序，维护事故发生区域的治安和交通秩序。

（2）指挥疏散事故影响区域的人员。

（3）完成指挥部交办的其他工作。

D6. 医疗救护组

组长：工会主席。

成员：职工医院院长（或医务室主任、附近医院院长）、工会干事及医护人员。

主要职责：

（1）立即赶赴现场对受伤人员进行救护。

（2）组织医疗救治，负责制定医疗救护方案。

D7. 信息发布组

负责人：主管行政副经理。

成员：党政办公室等相关人员。

主要职责：

（1）负责事故信息发布工作，要按照指挥部提供的事故救援信息向社会公告事故性质和救援进展情况。

（2）向各级政府部门、报社、广播电台、电视台等主要新闻媒体汇报现场救援工作。

（3）正确引导媒体和公众舆论。

D8. 善后处理组

组长：党委书记（或总经理、董事长）。

成员：工会、人力资源部、党政工作部等部门负责人。

主要职责：

（1）负责事故中遇难人员的遗体、遗物处置。

（2）负责事故伤亡人员亲属的安抚接待、抚恤金发放等善后处理工作。

E. 各部门职责

E1. 生产计划科（及调度室）

坚持 24 h 应急值守，并做好下列工作：

（1）及时准确地上报事故情况，传达总指挥命令。

（2）召集有关人员在生产计划部（及调度室）待命，做好响应的准备工作。

（3）了解并记录事故发生时间、地点、灾害情况和现场采取的救援措施。

（4）核实和统计灾区人数，按照指挥部命令，通知灾区人员撤离。

（5）整理抢险救援命令，要做好详细应急处置记录，及时掌握抢险事故现场进展情况和救援情况。

（6）按照指挥部的要求全面协调和指导事故应急救援工作，调用应急救援物资、救护队伍、设备和有关专家。

（7）负责起草事故应急救援工作报告。

（8）完成总指挥交给的其他任务。

E2. 党政办公室

坚持 24 h 应急值守，并做好下列工作：

（1）及时向总指挥报告事故信息，传达总指挥关于救援工作的批示和意见。

（2）接受上级部门领导的重要批示、指示，立即呈报总指挥阅批并负责督办落实。

（3）保证事故抢险需要的车辆。

（4）承办指挥部交办的其他工作。

E3. 特种设备安全管理科

坚持 24 h 应急值守，并做好下列工作：

（1）及时向指挥部汇报事故信息。

（2）按照总指挥指示，组织工会等有关人员进行事故调查，及时向指挥部提供事故调查报告。

（3）参与上级部门的事故调查，负责向事故调查组提供事故有关情况、资料，对于重要事项必须向总指挥请示。

（4）负责现场安全措施的督办落实。

（5）完成指挥部交给的其他任务。

E4. 职工医院（或医务室、附近医院）

坚持 24 h 应急值守，并做好下列工作：

（1）时刻做好应急救援救治工作，接警后迅速组建现场救治医疗队伍，5 min 内派出救护队伍。

（2）筹集调集应急救援救治急救药品等，及时提供救护所需物品。

（3）完成指挥部交给的其他任务。

E5. 供应科

坚持 24 h 应急值守；保障事故抢救物资的供应，确保抢险救灾工作的顺利开展。

E6. 技术科、设备管理科

（1）提供灾区图纸和有关技术资料。

（2）根据指挥部命令完成现场相关检测、测量工作。

（3）结合实际情况，制定相应的技术方案、防范措施。

（4）负责起草事故原因分析报告。

（5）完成总指挥交给的其他任务。

E7. 环保科

（1）负责测定事故现场环境危害的成分和程度，对可能存在较长时间环境影响的区域发出警告，提出控制措施。

（2）事故得到控制后指导消除危险物质对环境产生的污染。

（3）负责调查锅炉、压力容器、压力管道事故的危险化学品污染情况。

E8. 财务科

为事故救援配备救援设备、器材提供经费支持，保证事故善后处理所需资金及时到位。

E9. 工会

参与事故调查、善后处理。

E10. 其他部门

各相关部门完成指挥部交办的任务。

7. 承压类特种设备的监控与预防

1）危险源监控

（1）为确保锅炉、压力容器、压力管道的安全附件齐全有效，公司采取岗位定点、定时巡检的综合预防措施。

（2）定期组织承压类特种设备操作人员进行技术培训和安全教育。

（3）司炉工、水质化验员、快开门式压力容器操作人员、移动压力容器充装人员、气瓶充装人员、氧舱操作人员、管道维修人员必须持证上岗。

(4)制订和实施锅炉、压力容器、压力管道定期检查、检修及检验计划。

(5)定期对锅炉、压力容器、压力管道的使用情况进行现场检查并做好记录,及时解决承压类特种设备在使用过程中出现的问题和事故隐患。

2)事故预防措施

A.安全装置失效的预防措施

(1)每周对安全装置进行一次检查,如发现问题及时进行维修或更换。

(2)每季度对安全装置进行一次维护,使安全装置始终处于完好状态。

(3)每年对安全装置进行一次检定或校验,使安全装置处于可靠状态。

B.锅炉、压力容器、压力管道超温超压的预防措施

B1.锅炉超温超压的预防措施

(1)按期校验安全阀,保证其灵敏可靠。

(2)定期检修锅炉的超压连锁装置,保证其灵敏可靠。

(3)及时调整锅炉燃烧,使其燃烧工况与供汽负荷相适应。

(4)通过调整减温水的流量,控制蒸汽温度,防止超温。

(5)加强司炉作业人员培训,不断提高其责任心,提高司炉操作的精细化水平。

B2.压力容器超温超压的预防措施

(1)物料投入速度过快或物料一次投入过多引起容器超温超压时,应立即停止物料投入。

(2)上游物料超温引起容器超温时,应立即关小进料阀门,减少上游来料。

(3)上游物料超压引起容器超压时,应立即关小或关闭进料阀门,开大出料阀门。

(4)物料反应过快引起容器超温超压时,应开大冷却介质(水)阀门或开大排气阀门,降低容器压力、温度。

B3.压力管道超温超压的预防措施

(1)上游物料超温引起管道超温时,应立即关小进料阀门,减少上游来料,同时开大物料排放阀门。

(2)上游物料超压引起管道超压时,应立即关小或关闭进料阀门,开大出料阀门,同时开启物料放空阀。

C.锅炉、压力容器、压力管道泄漏的预防措施

C1.锅炉泄漏的预防措施

(1)加强对锅炉给水、蒸汽管道的巡视,检查管道有无振动、变形、泄漏。如发现上述现象,应分析原因,及时采取措施予以消除。

(2)加强对锅炉给水、蒸汽管道的年度检验工作,检查有无腐蚀、泄漏、支吊架损坏、管道变形、保温层损坏、阀门泄漏等问题,如发现问题应及时采取措施予以消除。

(3)加强对锅炉给水、蒸汽管道的定期检验工作,检查有无腐蚀、磨损减薄、裂纹、泄漏、支吊架损坏、管道变形、保温层损坏、阀门泄漏等问题,如发现问题应及时采取措施予以消除或更换。

(4)管道启、停的操作要严格执行操作规程,防止过大的温差应力对管道造成损伤。蒸汽管道启动时,应首先进行暖管操作,微开阀门,缓慢升温,同时进行疏水,再逐步开启

阀门,对管道进行升温升压,直到管道压力升至接近工作压力,关闭管道疏水,使管道投入正常运行。

(5)锅炉人孔、手孔、法兰在锅炉升压至 0.05～0.1 MPa 时应先进行热紧,再进行升压,以防上述部位发生泄漏。

(6)做好锅炉水质检测工作,保证锅炉给水、炉水品质,以防锅炉本体、部件发生腐蚀泄漏情况的发生。

C2. 压力容器泄漏的预防措施

(1)孔、门处泄漏时,应首先降低容器压力,待压力小于 0.2 MPa 时,可通过紧固螺栓消除泄漏。

(2)阀门或其他螺栓处泄漏时,应首先降低容器压力,待压力小于 0.2 MPa 时,可通过紧固螺栓消除泄漏。

(3)容器本体或接管角焊缝处泄漏时,应立即卸掉容器压力,卸掉容器内的物料,详细检查泄漏原因,并按照有关规定进行修理。

(4)容器压力超过 0.3 MPa 时,不得进行紧固螺栓的操作,以防螺栓突然失效造成更大的事故。

C3. 压力管道泄漏的预防措施

(1)阀门或其他螺栓处泄漏时,应首先降低管道压力,待压力小于 0.1 MPa 时,可通过紧固螺栓消除泄漏。

(2)管道焊缝处泄漏时,应立即卸掉管道压力,卸掉管道内的物料,详细检查泄漏原因,并按照有关规定进行修理。

(3)管道压力超过 0.3 MPa 时,不得进行紧固螺栓的操作,以防螺栓突然失效造成更大的事故。

D. 锅炉、压力容器、压力管道异常变形的预防措施

D1. 锅炉异常变形的预防措施

(1)按期校验安全阀,使其小于或等于锅炉规定工作压力。

(2)调整锅炉的超压连锁装置,使其小于或等于锅炉规定工作压力。

(3)定期检修锅炉水处理设备,保证其可靠运行。

(4)配备锅炉水质化验员,及时进行锅炉水质检测,保证锅炉用水合格,防止锅炉本体腐蚀的发生。

(5)防止锅炉超负荷运行,控制烟气流速,以减轻烟气对省煤器管、对流管的冲刷磨损。

(6)加强司炉作业人员培训,不断提高其责任心,提高司炉操作的精细化水平。

D2. 压力容器异常变形的预防措施

引起压力容器异常变形的原因主要有以下几种:

(1)由于腐蚀引起的容器异常变形。

(2)由于超压引起的容器异常变形。

(3)由于超温引起的容器异常变形。

(4)由于超载引起的容器异常变形。

压力容器使用中应特别注意采取相应措施,防止腐蚀、超压、超温、超载现象的发生。

D3.压力管道异常变形的预防措施

(1)由于超压引起的管道异常变形。

(2)由于超温引起的管道异常变形。

(3)由于支吊架异常引起的管道异常变形。

E.锅炉、压力容器、压力管道异常振动的预防措施

(1)由于共振引起锅炉、压力容器、压力管道异常振动时,应立即开大或关小阀门,改变介质流速,消除共振。

(2)由于泵、压缩机、风机、搅拌装置等运转机械的振动引起锅炉、压力容器、压力管道异常振动时,应立即停止运转机械,检查产生振动的原因,并予以消除。

(3)由于管道振动引起锅炉、压力容器、压力管道异常振动时,应立即查找管道振动的原因,并通过增加管道支撑的方法予以消除。

F.锅炉、压力容器、压力管道着火的预防措施

F1.锅炉着火的预防措施

(1)加强对锅炉燃油、燃气管道的巡视,检查管道有无振动、变形、腐蚀、泄漏。如发现上述现象,应分析原因,及时采取措施予以消除。

(2)每年对锅炉燃油、燃气管道进行一次检查,检查有无腐蚀、泄漏、支吊架损坏、管道变形、保温层损坏、阀门泄漏等问题,如发现问题应及时采取措施予以消除。

F2.压力容器着火的预防措施

(1)泄漏引起的压力容器着火,预防措施见"C2.压力容器泄漏的预防措施"。

(2)爆炸引起的压力容器着火,预防措施见"G2.压力容器爆炸的预防措施"。

(3)其他物品失火引起的压力容器着火,应立即采用二氧化碳灭火器或其他相应的灭火器进行灭火。

F3.压力管道着火的预防措施

(1)泄漏引起的压力管道着火,预防措施见"C3.压力管道泄漏的预防措施"。

(2)爆炸引起的压力管道着火,预防措施见"G3.压力管道爆炸的预防措施"。

(3)其他物品失火引起的压力管道着火,应立即采用二氧化碳灭火器或其他相应的灭火器进行灭火。

G.锅炉、压力容器、压力管道爆炸的预防措施

G1.锅炉(炉膛)爆炸的预防措施

(1)按期校验安全阀,保证其灵敏可靠。

(2)定期检修锅炉的超压连锁装置,保证其灵敏可靠。

(3)定期检修锅炉水处理设备,保证其可靠运行;配备锅炉水质化验员,及时进行锅炉水质检测,保证锅炉用水合格,防止锅炉本体腐蚀的发生。

(4)燃油气锅炉、煤粉锅炉点火前,应进行 $3\sim5$ min 的吹扫。

(5)燃油气锅炉、煤粉锅炉灭火后,严禁直接进行点火操作,必须先进行 $3\sim5$ min 的吹扫后再进行点火操作。

(6)循环流化床压火时,应将炉膛的炉门、风室的检查门及返料风室的检查门打开,

使锅炉压火时产生的可燃气体能够及时向外扩散,以免启炉时产生炉膛爆炸。

(7)加强司炉作业人员培训,不断提高其责任心,提高司炉操作的精细化水平。

G2. 压力容器爆炸的预防措施

(1)泄漏引起的压力容器爆炸,预防措施见"C2. 压力容器泄漏的预防措施";

(2)着火引起的压力容器爆炸,预防措施见"F2. 压力容器着火的预防措施";

(3)超温超压引起的压力容器爆炸,预防措施见"B2. 压力容器超温超压的预防措施";

(4)安全装置失效引起的压力容器爆炸,预防措施见"A. 安全装置失效的预防措施"。

G3. 压力管道爆炸的预防措施

(1)泄漏引起的压力管道爆炸,预防措施见"C3. 压力管道泄漏的预防措施";

(2)着火引起的压力管道爆炸,预防措施见"F3. 压力管道着火的预防措施";

(3)超温超压引起的压力管道爆炸,预防措施见"B3. 压力管道超温超压的预防措施";

(4)安全装置失效引起的压力管道爆炸,预防措施见"A. 安全装置失效的预防措施"。

8. 事故应急响应

1)事故报告

(1)发生锅炉、压力容器、压力管道事故时,值班人员应立即向车间(分厂、工段)主任、安全管理科、生产管理科汇报,同时采取必要的处理措施。

(2)事故现场发生火灾时,现场的值班人员应立即组织人员采取一切可能的措施直接进行灭火,并向车间(分厂、工段)主任、安全管理科、生产管理科汇报。如果火势较大,不能控制时,应通知所有可能受火灾威胁地区的人员按避灾路线进行撤退,同时拨打火灾报警电话 119 进行报警。

(3)由总指挥下达指令,确定事故上报部门、上报内容,是否向外求援等。事故关联单位电话如下:

××市市场监督管理局值班电话:××××××××

××市应急管理局值班电话:××××××××

××市政府应急值班电话:××××××××

××医院急救电话:××××××××

2)应急响应

一级响应:锅炉、压力容器、压力管道发生着火、爆炸事故,或发生严重泄漏需要附近企业职工、居民撤离时为一级响应。公司总经理(或党委书记、董事长)担任指挥,全公司响应,各部门按照原定分工,各司其职,立即行动,同时向上级有关部门进行事故报告。

二级响应:锅炉、压力容器、压力管道发生一般泄漏、超温超压事故时为二级响应。由公司安全副总担任指挥,公司安全管理科、车间(分厂、工段)进行响应,其他部门进行配合,同时向上级有关部门进行事故报告。

三级响应:锅炉、压力容器、压力管道发生异常变形、异常振动、安全装置失灵等事故时为三级响应。车间(分厂、工段)主任担任指挥,公司安全管理科、车间(分厂)进行响应,其他部门进行配合。

3) 应急处置

(1)锅炉、压力容器、压力管道发生着火、爆炸事故或发生严重泄漏事故时的处置原则,即一级响应处置原则:

①布置现场安全警戒,保证现场救援井然有序,保证现场道路通畅,禁止无关人员及车辆通行。

②及时有效地控制事故向周边地带蔓延;切断锅炉给水或上游来气、来料。

③立即切断事故车间(分厂、工段)的蒸汽及动力电源供应,防止发生次生灾害。

④专业抢险人员配带防毒面具、空气呼吸器及抢险用具进入现场进行抢险,在现场处置时首先抢救受伤人员,同时确保救护人员的自身安全。

⑤通知当地政府、相关企业做好人员撤离工作。

⑥处置过程中相关物品不得移动;如为救人需要,确实需要移动物品,移动时要做好记录。

(2)锅炉、压力容器、压力管道发生一般泄漏、超温超压事故时的处置原则,即二级响应处置原则:

①布置现场安全警戒,保证现场道路通畅。

②立即组织人员切断上游来水、来料、来气,同时进行堵漏作业,防止发生次生灾害。

③及时做好附近人员的撤离工作,以防发生烫伤、中毒等。

④专业抢险人员配带防毒面具、空气呼吸器及抢险用具进入现场进行抢险,在现场处置时首先抢救受伤人员,同时确保救护人员的自身安全。

⑤切断物料供给,加大物料排放,加大冷却介质的流量,将设备的温度、压力降至安全工况。

⑥通知相关车间(或分厂、工段)做好停产的处置工作。

(3)锅炉、压力容器、压力管道发生异常变形、异常振动、安全装置失效等事故时的处置原则,即三级响应处置原则:

①查明锅炉、压力容器、压力管道变形的原因,立即进行处置,同时停止该设备的使用,对其进行检查、维修或更换。

②查明锅炉、压力容器、压力管道振动的原因,立即进行处置,将振动控制在正常范围内;若不能控制设备振动,应停止该设备运行。

③查明锅炉、压力容器、压力管道安全装置失效的原因,立即停用该设备,对安全装置进行维修或更换。

9. 应急救援

1) 应急救援原则

①应急救援必须坚持"以人为本"和"安全优先"的原则。在实施救援的过程中,要牢牢把握"及时进行救援处理"和"减轻事故所造成的损失"两个事故救援控制的关键点,把遇险人员、受威胁人员和应急救援人员的安全放在首位。不准放弃一丝解救遇险人员脱离险情的希望,不准有新的人员伤亡,更不准以活人来换死人。

②在对灾区人员实施救援时,应坚持先活人、后死者的原则。

③要坚持防止事故扩大优先的原则。

④坚持保护环境,有利于灾后重建和尽快恢复生产的原则。

2) 应急救援任务

①立即组织营救受害人员,组织撤离或者采取其他措施保护危害区域内的其他人员。抢救受害人员是应急救援的首要任务,在应急救援行动中,快速、有序、有效地实施现场急救与安全转送伤员是降低伤亡率、减少事故损失的关键。

②迅速控制事态,并对事故造成的危害进行检测、分析,测定事故的危害区域、危害性质及危害程度。及时控制住造成事故的危险源是应急救援工作的重要任务。

③消除危害后果,做好现场恢复。针对事故对人体、动植物、土壤、空气等造成的现实危害和可能的危害,迅速采取封闭、隔离、洗消、监测等措施,防止对人的继续危害和对环境的污染。及时清理废墟和恢复基本设施,将事故现场恢复至相对稳定的基本状态。

④查清事故原因,评估危害程度。事故发生后应及时调查事故发生的原因和事故性质,评估出事故的危害范围和危险程度,查明人员伤亡情况,做好事故调查。

10. 事故调查

特种设备事故调查执行《特种设备事故报告和调查处理规定》。《特种设备事故报告和调查处理规定》(总局令第 115 号)将特种设备事故分为:①特别重大事故;②重大事故;③较大事故;④一般事故。

有下列情形之一的,为特别重大事故:

(1)特种设备事故造成 30 人以上死亡,或者 100 人以上重伤(包括急性工业中毒,下同),或者 1 亿元以上直接经济损失的。

(2)600 MW 以上锅炉爆炸的。

(3)压力容器、压力管道有毒介质泄漏,造成 15 万人以上转移的。

有下列情形之一的,为重大事故:

(1)特种设备事故造成 10 人以上 30 人以下死亡,或者 50 人以上 100 人以下重伤,或者 5 000 万元以上 1 亿元以下直接经济损失的。

(2)600 MW 以上锅炉因安全故障中断运行 240 h 以上的。

(3)压力容器、压力管道有毒介质泄漏,造成 5 万人以上 15 万人以下转移的。

有下列情形之一的,为较大事故:

(1)特种设备事故造成 3 人以上 10 人以下死亡,或者 10 人以上 50 人以下重伤,或者 1 000 万元以上 5 000 万元以下直接经济损失的。

(2)锅炉、压力容器、压力管道爆炸的。

(3)压力容器、压力管道有毒介质泄漏,造成 1 万人以上 5 万人以下转移的。

有下列情形之一的,为一般事故:

(1)特种设备事故造成 3 人以下死亡,或者 10 人以下重伤,或者 1 万元以上 1 000 万元以下直接经济损失的。

(2)压力容器、压力管道有毒介质泄漏,造成 500 人以上 1 万人以下转移的。

特种设备发生特别重大事故,由国务院或者国务院授权有关部门组织事故调查组进行调查。发生重大事故,由国务院负责特种设备安全监督管理的部门会同有关部门组织事故调查组进行调查。发生较大事故,由省、自治区、直辖市人民政府负责特种设备安全监督管理的部门会同有关部门组织事故调查组进行调查。发生一般事故,由设区的市级人民政府负责特种设备安全监督管理的部门会同有关部门组织事故调查组进行调查。其他事故由事故单位组织调查。事故调查组应当依法、独立、公正地开展调查,提出事故调查报告。

11.应急保障

干粉灭火器、二氧化碳干粉灭火器;沙袋、沙子、铁锹、消防水管等;空气呼吸器、便携式快速检测仪等。

12.其他

1)应急恢复

公司事故应急处理指挥部待现场救治情况好转、事故得到控制、无关人员全部撤离完毕后,再进入现场检查各项设施。按照事故抢修方案和措施,积极组织人员抢修损坏的设施。除事故区域外其他地方应按要求逐步恢复供气和供电。善后处理工作由事故发生的单位进行。公司按要求组成事故调查组进行事故调查。

2)应急结束

锅炉、压力容器、压力管道事故被彻底控制后,由公司应急处理指挥部宣布应急响应结束。特种设备安全管理科按应急救援预案的要求及各单位在应急救援中的真实表现,进行总结评定工作。

5.3　事故应急救援预案的演练、管理与培训

5.3.1　事故应急救援预案的演练

每年伊始,使用单位特种设备安全管理科在制订单位特种设备工作计划时,应将特种设备事故应急演练纳入全年工作计划之中,同时报单位安全管理负责人批准。根据公司特种设备全年工作计划的安排,按照时间节点,报单位安全管理负责人同意后,进行公司特种设备事故应急演练。

事故应急预案演练结束后,公司各单位应写出应急演练总结;根据公司各单位的应急反应速度、人员到位情况、装备携带情况、现场救援情况等,由公司领导予以点评,对应急反应迅速、人员到位及时、装备携带齐全、现场救援认真的单位给予表扬;对应急反应迟缓、人员到位不及时、装备携带不齐全、现场救援不认真的单位给予批评;根据应急演练总体情况及领导点评,特种设备安全管理科写出公司应急演练总结,总结经验,找出不足,进一步完善事故应急救援预案,通过制定事故应急预案—进行事故应急预案演练—总结完善事故应急预案的不断循环,从而使公司事故应急救援预案与事故应急演练水平的不断提高,使公司的应急救援能力不断增强。

5.3.2　事故应急救援预案的管理

公司特种设备安全管理科负责公司事故应急救援预案的管理,每三年对事故应急救

援预案进行一次评审并修订一次,如出现以下情况,应及时组织修订,并记录在案:

(1)因兼并、重组、改制等导致隶属关系、经营方式、法定代表人发生变化的。

(2)生产工艺和技术发生变化的。

(3)周围环境发生变化,形成新的重大危险源的。

(4)公司应急救援组织指挥体系或者职责调整时。

(5)依据的法律、法规、规章和标准发生变化的。

(6)应急预案演练报告要求修订的。

(7)应急管理部门有新要求时。

公司应急救援预案的修订应经公司各部门充分酝酿、充分讨论、充分发表意见,形成公司事故应急预案修订稿,经公司有关领导批准后,形成公司新的事故应急救援预案,并按照有关规定对事故应急救援预案重新备案。

5.3.3　事故应急救援预案的培训

为确保快速、有序和有效的事故应急反应能力,公司所有应急救援指挥部成员和各专业救援队成员应认真学习公司事故应急救援预案内容,明确单位及个人在救援现场所担负的职责及基本的救援知识,如如何识别危险,如何启动紧急警报系统,如何控制危险物质泄漏,如何消除初期火灾,如何使用各种应急救援物品,如何佩戴和使用防护用品,如何安全疏散人群,以及事故预防、避险、避灾、自救、互救的常识等。

培训方式可根据公司实际特点,采取多种形式进行,如定期开设培训班、上课、事故讲座、发放宣传资料以及黑板报、公告栏、墙报等,使教育培训活动形象生动。

针对可能的安全事故情景及承担的应急救援职责,不同的人员要进行不同内容的培训;培训的时间不宜过长或过短,但应有一定的周期,一般至少半年进行一次;除理论培训外还应该定期进行技能培训,并应尽量贴近应急救援活动的实际。

第6章　承压类特种设备典型事故与经验教训

特种设备事故是指因特种设备的不安全状态或者相关人员的不安全行为,在特种设备制造、安装、改造、维修、使用(含移动式压力容器、气瓶充装)、检验检测活动中造成的人员伤亡、财产损失、特种设备严重损坏或者中断运行、人员滞留、人员转移等突发事件。

其中,特种设备的不安全状态造成的特种设备事故,是指特种设备本体或者安全附件、安全保护装置失效和损坏,具有爆炸、爆燃、泄漏、倾覆、变形、断裂、损伤、坠落、碰撞、剪切、挤压、失控或者故障等特征的事故;特种设备相关人员的不安全行为造成的特种设备事故,是指与特种设备作业活动相关的行为人违章指挥、违章操作或者操作失误等直接造成人员被特种设备伤害或者特种设备损坏的事故。

本章主要围绕近年来发生的承压类特种设备典型事故,重点介绍特种设备工作特点、主要失效模式、事故发生的主要原因及经验教训等。

6.1　我国承压类特种设备事故基本情况

6.1.1　承压类特种设备的事故统计情况

2001~2019年承压类特种设备事故统计情况见表6-1。2004~2019年承压类特种设备万台事故率(每万台特种设备每年事故起数)见图6-1。2004~2019年承压类特种设备万台死亡率(每万台特种设备每年死亡人数)见图6-2。

表 6-1　2001~2019 年承压类特种设备事故统计情况

统计年份	事故起数	死亡人数	受伤人数
2001 年	发生特种设备严重以上事故 308 起	284 人	435 人
2002 年	发生特种设备严重以上事故 352 起	351 人	372 人
2003 年	发生特种设备严重以上事故 289 起	235 人	379 人
2004 年	发生特种设备严重以上事故 295 起	299 人	426 人
2005 年	发生特种设备严重以上事故 274 起	301 人	293 人
2006 年	发生特种设备严重以上事故 299 起	334 人	349 人
2007 年	发生特种设备严重以上事故 256 起	325 人	285 人
2008 年	发生特种设备严重以上事故 307 起	317 人	461 人
2009 年	发生特种设备一般以上事故 380 起	315 人	402 人
2010 年	发生特种设备一般以上事故 296 起	310 人	247 人

续表 6-1

统计年份	事故起数	死亡人数	受伤人数
2011 年	发生特种设备一般以上事故 275 起	300 人	332 人
2012 年	发生特种设备一般以上事故 228 起	292 人	354 人
2013 年	发生特种设备一般以上事故 227 起	289 人	274 人
2014 年	特种设备事故 283 起	282 人	330 人
2015 年	特种设备事故 257 起	278 人	320 人
2016 年	特种设备事故 233 起	269 人	140 人
2017 年	特种设备事故 238 起	251 人	145 人
2018 年	特种设备事故 233 起	269 人	140 人
2019 年	特种设备事故 130 起	282 人	330 人

图 6-1 2004~2019 年承压类特种设备万台事故率

6.1.2 近年来承压类特种设备事故的主要特点与发生的原因

截至 2019 年年底,全国承压类特种设备锅炉 38.30 万台、压力容器 419.12 万台、气瓶 1.64 亿只、压力管道 56.13 万 km。我国一惯比较重视安全生产,但事故仍不断发生。2019 年承压类特种设备事故按设备类别划分,锅炉事故 11 起、死亡 9 人,压力容器事故 4 起、死亡 7 人,气瓶事故 4 起、死亡 3 人,压力管道事故 1 起、死亡 1 人。

按损坏形式划分,承压类设备(锅炉、压力容器、气瓶、压力管道)事故的主要特征是爆炸、泄漏着火等。

历年事故统计数据分析表明,我国正处于一个急剧变迁(社会转型)的时期,各种社会问题、安全事故的发生总体表现得比较突出。尽管当前我国特种设备事故每万台相对数量在下降,但是相比较计划经济时期,绝对数量仍呈上升趋势。

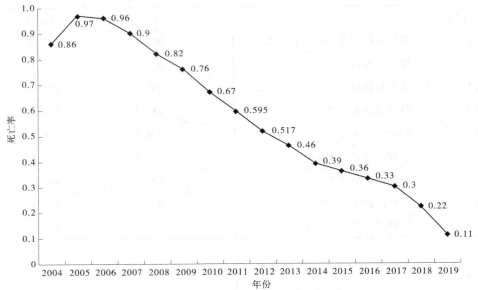

图 6-2　2004~2019 年承压类特种设备万台死亡率

　　从管理层面来看,违章作业仍是造成事故的主要原因,约占 70%,具体表现为作业人员违章操作、操作不当甚至无证作业、维护缺失、管理不善等;因设备制造、安装以及运行过程中产生的质量安全缺陷导致的事故约占 20%;因非法行为等其他原因导致的事故约占 10%,具体表现为非法制造、非法修理、非法改造、非法充装气体和非法使用等。

　　从技术层面分析,锅炉缺水处置不当、超压运行,快开门式压力容器安全连锁装置使用不当或失效,压力管道中危险化学品介质泄漏,氧气瓶内混入可燃介质等是造成事故的重要原因。

6.2　锅炉典型事故与经验教训

6.2.1　锅炉的工作特点及失效模式

6.2.1.1　工作特点

　　锅炉受热面长期处在高温条件下工作,同时还受到火焰、烟气、飞灰、水、汽、水垢等的侵蚀,使锅炉受压元件遭受水汽、烟气腐蚀及飞灰冲刷磨损,随着负荷和燃烧的变化发生热胀冷缩,从而产生疲劳损坏和蠕变裂纹。同时,因缺水、结水垢或水循环破坏使锅炉传热发生障碍,使高温区的受热面烧坏、鼓包、开裂等。所以,锅炉设备是在恶劣的条件下运行的,比一般机械设备易于损坏。

　　锅炉设备一般都为承受压力载荷的设备(常压热水锅炉除外)。若在运行当中锅内压力升高,超过允许工作压力,而安全附件失灵,未能及时报警和排汽降压,当压力大于受压元件所能承受的极限压力时就会发生爆炸。或者是在正常工作压力下,由于受压元件出现缺陷(腐蚀、磨损、蠕变和疲劳失效等),使受压元件强度降低,而不能承受原来允许的工作压力时,锅炉也会发生破裂、泄漏,甚至爆炸。

由于锅炉在发生爆炸时,锅内压力在瞬间骤降,锅炉的高温饱和水产生外泄汽化,其体积成百倍地膨胀,形成巨大冲击波,造成炉体飞出,冲垮建筑物,常常是造成设备、厂房毁坏和人身伤亡的灾难性事故。锅炉机组停止运行,使蒸汽动力突然切断,还会造成停产停工的恶果。

6.2.1.2　失效模式

锅炉的承压部件一方面在"锅"侧承受着高温汽水的压力及侵蚀,另一方面在"炉"侧承受着火焰或高温烟气的加热冲刷,高温可能导致材料蠕变、氧化,燃料中的灰分、水分以及硫分会导致锅炉受热面的磨损、腐蚀,所以锅炉主要的失效模式为蠕变、疲劳、腐蚀、磨损、变形、过热等。

(1)蠕变:金属部件在一定的温度和在低于屈服应力的载荷作用下,高温设备或设备高温部分金属材料随时间推移缓慢发生塑性变形的过程。缓慢的蠕变变形,导致金属材料微观组织和宏观组织上的不连续性,例如蠕变孔洞和蠕变裂纹等,以及蠕变强度下降的现象。

(2)疲劳:锅炉受热面承受交变热应力长期作用,致使其局部出现永久性损伤的缺陷,锅炉受热面发生疲劳的最终结果是受热面发生微型裂纹。疲劳是锅炉受热面的隐性缺陷,外观很难发现,因此它具有很大的潜在危险,必须给予高度的重视。

(3)腐蚀:金属的表面和周围介质发生化学或电化学作用而遭到破坏的现象。化学腐蚀是指金属与介质发生化学反应所引起的腐蚀。化学腐蚀的产物在金属表面上,腐蚀过程中没有电流产生。电化学腐蚀是指金属与电解质溶液间产生电化学作用而引起的破坏,其特点是在腐蚀过程中有电流产生。

锅炉腐蚀的特点是同时具备化学腐蚀与电化学腐蚀的条件;运行与停炉状态均可发生腐蚀;介质侧(汽水侧)和燃料侧(烟气侧)均可发生腐蚀。汽水侧腐蚀主要有溶解氧腐蚀、垢下腐蚀、蒸汽腐蚀、苛性脆化、腐蚀疲劳等,烟气侧腐蚀主要有高温氧化、硫腐蚀、露点腐蚀、钒腐蚀等。

(4)磨损:由于机械摩擦作用造成的表面材料的逐渐损耗。由于材料磨损引起的产品丧失应有的功能称为磨损损伤。磨损是锅炉受热面常见的缺陷之一,锅炉受热面布置在锅炉的炉膛及烟道内,尤其是锅炉尾部垂直烟道内的受热面,长期受烟气冲刷,烟气中的灰粒使受热面的管壁磨损减薄,这种由烟气冲刷使受热面管壁减薄的现象称为磨损。锅炉受热面的磨损速度与烟气的流速、烟气中灰粒的浓度及硬度、管束的布置方式等因素有关,其中烟气的流速对受热面的磨损影响最大。实验测得,受热面管子的磨损速度与烟气流速的三次方成正比,因此必须有效地对烟气流速进行严格控制。炉墙的漏风、烟道的局部堵灰、对流受热面局部严重结渣都会使烟道的局部气流速度过大,使受热面管子局部磨损加剧;煤质差、高负荷运行、循环流化床浇注层损坏等都可能加剧管子的磨损。另外,当吹灰器工作不良时,高压蒸汽也会对受热面的管子吹蚀,使管壁减薄。

(5)变形:部件工作过程中承受载荷增大到一定程度,会使部件失去原有功能而损伤。常见的有扭曲、拉长、高温下的蠕变、弹性元件永久变形等。

锅炉的变形主要是指锅炉受热面的管排或支撑装置受热后改变了原来的形状。变形可以发生在任何受热面上。防止锅炉受热面变形的主要措施是加强受热面检查,消除管排的膨胀受阻因素,更换损坏的受热面管排支撑装置。弯曲主要是指锅炉受热面的管子在受热膨胀时受阻或受热不均时造成受热面管子的弯曲变形。弯曲主要针对受热面的管子而言,主要发生在受热面管子较长的部位,尤其是立式受热面管壁温度最高的区域或管子的固定装置损坏的区域,管子最易发生变形。

(6)过热。短期急剧过热:受热面由于水循环故障、水垢堆积等原因,使冷却条件变差,壁温急剧上升,材料强度下降,管子严重变形后破裂,具有韧性断裂的特征。

长期过热:管壁温度长期处于设计温度以上而低于材料的下临界温度,超温幅度不大但时间较长,锅炉管子发生碳化物球化、管壁氧化减薄、持久强度下降、蠕变速度加快,使管径均匀胀粗,最后在最薄弱部位导致破裂的爆管现象。长期超温爆管根据工作应力水平可分为3种:高温蠕变型、应力氧化裂纹型、氧化减薄型。主要发生在高温过热器的外圈向火面,不正常情况下,低温过热器也可能发生。根据近年对过热器管爆破事故的分析,约70%的爆管是由于长期超温而引起的。

6.2.2　锅炉典型事故案例

6.2.2.1　案例1

1.事故概况

河北省邯郸新兴铸管有限责任公司在建电厂,在完成烘炉、煮炉后,按照工程进度计划和调试大纲的要求,应于2004年9月21日进入锅炉蒸汽吹管阶段。9月23日16时左右,在锅炉点火瞬间,炉膛及排烟系统发生爆炸,造成锅炉、管道、烟囱等设备垮塌,设备严重损毁,造成13人死亡、8人受伤,直接经济损失630余万元。

事故锅炉型号为JG-75/3.82-Q,额定蒸发量为75 t/h,额定蒸汽压力为3.82 MPa,额定蒸汽温度为450 ℃,为12 MW汽轮发电机组配套。锅炉采用露天布置,燃料为焦炉煤气和高炉煤气,在调试阶段使用焦炉煤气。事故造成锅炉钢梁扭曲,锅筒严重位移,前墙水冷壁呈S形向炉膛内侧成排弯曲,后墙水冷壁呈V形弯曲,左右侧水冷壁扭曲成撕裂状。左侧第三层平台步道飞出约20 m,砸在烟囱南侧平房东南铁栏杆后散落到地面,其他平台和扶梯扭曲变形悬挂在空中。尾部烟道(含省煤器、空气预热器)整体向东倾斜约30°,连接管道全部扭曲。炉墙和管道保温全部损坏。鼓引风机损坏,引风机外壳上部飞出约10 m,送风管道变形撕裂。60 m高的烟囱上部炸毁仅剩底部不足1/3。其他锅炉本体管道、集箱均扭曲变形或位移。主控室被锅炉前墙水冷壁冲击挤压,严重变形,电控柜位移,中控室和汽机房门窗玻璃全部损坏,塑钢窗掉落。锅炉左右侧燃气管道扭曲严重,多处破裂。事故现场见图6-3。

图6-3　邯郸新兴铸管有限责任公司锅炉爆炸事故现场

2. 事故原因分析

1）直接原因

事发当日锅炉点火前，DN400 mm 的焦炉气主切断阀打开后，操作人员检查、校验燃烧器前的 20 个电动闸阀（共分 4 组，每组 5 个 DN65 mm）时间长达 15～20 min。期间，左前 2 号、3 号及左后 3 号电动闸阀处于全开状态，致使大量燃气通过该 3 个电动阀进入并充满炉膛、烟道、烟囱，且达到爆炸极限，当日 16 时左右在点火试运行时引起爆炸。

2）间接原因

（1）锅炉不具备点火运行条件，燃气管道上的电动阀的近台控制系统和远程集中控制系统（DCS）尚未调试合格，但却转入锅炉点火程序。点火前，对存在的缺陷是否消除，没有组织人员进行确认。没有燃气锅炉运行安全操作方面的专门技术文件。尚未达到《调试大纲》规定的启动前应具备的条件。

（2）在点火前，未对炉内可燃气体浓度进行检测。该公司在燃气锅炉司炉岗位工作标准中未做规定，操作人员未按国家安全技术规范规定程序进行工作，致使炉膛、烟道内存在大量可燃气体且达到爆炸极限的情况未能及时发现。

（3）现场调试指挥系统管理混乱，调试单位不能有效履行职责，没有严格按指令程序操作。现场指挥擅离职守，进行点火调试等重大事件时，不在现场，出现指令错误或者操作单位（人员）无指令操作的局面。点火前是否进行有效吹扫，是否达到吹扫效果，未予确认，导致炉膛烟道内聚集大量可燃气体（焦炉煤气），达到爆炸极限。

（4）有关单位未执行《锅炉安全技术监察规程》设置自动点火程序及装置的规定。该炉的燃烧系统在调试时采用人工点火，未设计自动点火燃烧系统，燃气阀门开启控制状况混乱，手动与自动两套阀门控制系统竟无转换装置，形成操作错误的条件。

（5）现场管理混乱，多个单位同时施工却无有效组织，导致点火时其他施工人员未能及时撤离现场，造成人员重大伤亡。

3. 事故经验教训

（1）必须严格执行法规，禁止不具备锅炉调试资质能力的单位进行锅炉调试工作。

（2）对所有运行操作人员进行安全技术培训，考核合格才能上岗。

（3）强化安装现场责任制度，严密组织协调工作，坚决执行现场纪律，特别强化调试岗位纪律。指挥者必须履行职责，不得脱岗。无关人员不得进入现场。

（4）点火操作必须执行规定程序和方案，决不允许擅自行动。

（5）必须按规定设计和安装安全连锁保护装置，具备自动吹扫、自动点火、熄火保护条件，经安全监察部门检验合格后，方可使用。

（6）燃料供给自动控制联合调试，必须在单项调试完毕且确认达到设计要求后进行。单项或联合调试时，严禁手工点火。

6.2.2.2　案例 2

1. 事故概况

2019 年 2 月 28 日 10 时 11 分许，某供汽公司发生一起较大锅炉爆裂事故，上午事发前，1#、2#、4#锅炉处于运行状态，3#锅炉停用。9 时 54 分，考察团一行 19 人，就清洁能源供能合作方式对企业锅炉设备进行实地考察。

经调取事故现场出入口监控视频影像资料显示,第一批考察人员 6 人于 10 时 05 分 40 秒从锅炉房西北门离开。第二批考察人员 15 人于 10 时 06 分 03 秒徒步进入锅炉房考察,自西向东先考察 4# 锅炉,10 时 09 分 19 秒从 4# 锅炉前面(即北侧方向)通道陆续向 3#、2#、1# 锅炉走去。10 时 11 分 27~29 秒,1# 锅炉发生爆裂,上锅筒右侧(主汽阀管座对应位置下部)高温蒸汽喷出。事故造成现场人员受到伤害,锅炉房部分玻璃、门窗破损。现场造成 3 人死亡、7 人受伤,直接经济损失 1 316 万元。事故现场见图 6-4。

图 6-4　锅炉爆炸现场

2. 事故原因分析

1)直接原因

该起事故是因锅炉缺水造成上锅筒过热,在内压力作用下,一回程对流管束区域的孔桥部位筒体发生爆裂,高温蒸汽喷出,造成现场人员受到伤害,锅炉房部分玻璃、门窗破损。

2)间接原因

(1)1# 锅炉高低水位报警及连锁装置损坏,事故隐患未及时整改。

(2)司炉工配备严重不足。锅炉房每个班组仅定员 6 人,组长负责对其他人员的管理、调度,要履行对 1#、2#、3# 锅炉运行情况监控和所有运行锅炉巡检的职责,同时负责对故障设备的维修。

(3)监护人员离岗维修,事故锅炉无人监控巡检。2 月 28 日 8 时 30 分至 10 时 10 分左右,组长组织对 2# 锅炉除灰机链条进行维修,在长达 1 h 40 min 内,没有专人对锅炉水位计和控制室锅炉运行参数进行观察,未对锅炉进行安全巡检,生产运行经理对组长组织维修作业行为予以认可。

3. 事故经验教训

(1)严格特种作业人员上岗管理,强化全员安全生产教育培训。

(2)加强对锅炉在使用过程中的各项检查和维护保养,确保安全阀、压力表、水位计、报警装置等安全附件有效、可靠。

(3)提高员工安全意识,加强全员、全方位、全过程安全管理,从根本上提升企业安全管理水平。

6.2.2.3　案例 3

1. 事故概况

某化工厂一台有机热载体炉,型号为 YGL-930MA,产品编号为 2005-G283,2005 年

10月制造,其技术参数为:额定功率为 0.93 MW,额定出口压力为 0.6 MPa,额定出口温度为 320 ℃。双层盘管三回程结构,燃烧方式为固定炉排,适用燃料Ⅱ类烟煤。于 2005 年 11 月购置安装。2006 年 8 月开始运行,实际运行时间 2 个多月,2006 年 10 月 29 日上午 12 时左右,正是交接班时间,听到一声闷响,锅炉发生事故,有机热载体喷出、燃烧,拨打 119 电话报警,经消防队进行灭火,火得以熄灭。在锅炉房门附近有 6 人被喷出的有机热载体喷在身上着火燃烧,当场有 2 人被烧死、4 人烧伤,其中 1 人在医院抢救无效死亡。最终造成 3 人死亡、3 人烧伤的重大事故。事故现场见图 6-5。

图 6-5　事故现场照片

2.事故原因分析

1)直接原因

根据检验检测结果,对爆管事故的原因分析如下:

从爆口的形貌看:破口断面锐利,破口处管子周长增加 10.1 mm,增加很多,这是因为金属在高温下塑性较大,损坏时伴随着较大的塑性变形造成的;坡口形状呈核桃形,证明管子是由一点破裂继而开裂的;对坡口金属进行硬度测试,发现破口处有淬硬现象,坡口处硬度明显高于其他部位,这是由于高温迅速冷却的缘故,而迅速冷却是导热油以很高的速度从破口处向外喷射,对坡口处金属进行喷射淬火造成的;管子外壁无明显氧化皮,证明管子在高温下运行时间极短就造成破坏,在管子外壁来不及形成氧化皮;管子明显变形弯曲,这是由于导热油喷射反作用力造成的。经调查了解,该炉已使用约 2 个月时间,由于坑状损伤处底部较薄,该处可能由腐蚀、磨损或其他原因发展成穿孔。小孔至出口汇集集箱管段过热变形严重,爆破口位于该管段靠近小孔侧,说明这是由于该段管内介质流速较低所致。综上所述,管子是在短时急剧过热造成的破裂。而造成短时急剧过热的原因,认为是由于小孔处渗漏的,有机热载体燃烧所致,加之两根引出管出口对冲作用(这种结构,当两对冲管路阻力相等时,对冲阻力影响不大;若其中有一根管子阻力增大或流动压头下降,该管内的介质流速将大受影响),使小孔至出口汇集集箱管段内有机热载体流速急降、管壁及有机热载体温度急剧升高,以致产生了有机热载体汽化甚至出现循环停滞现象。这是管子破裂的直接原因或主要原因。

2)间接原因

(1)经调查了解,该有机热载体(俗称导热油)炉在安装后,向系统内注油时,第一次购买导热油不够,又向另一家单位购买了导热油进行补充。不同厂家的导热油由于使用的添加剂不同,混合后使用会使有机载热体的热稳定性变差,是造成这起爆管事故的一个间接原因。

(2)使用中的导热油闪点、酸值两项超标,而未及时进行化验并更换,闪点过低易导致爆燃,是造成这起事故扩大的直接原因。

事故发生前,管子发生渗漏,该炉应有运行状态异常的事故前兆。但事故发生后,锅炉房中电控柜和仪表全部烧毁,现场破坏严重,当班司炉工死亡,提供的笔录或证据不足,所以是否存在操作失误的原因无法认定。

3. 事故经验教训

(1)有机热载体炉运行时有泄露迹象时,应立即停炉检修。

(2)有机热载体应按照规定周期进行化验,确保各项安全指标符合要求。

(3)受热面管表面的损伤、磨损等缺陷要及时发现、及时处理。

6.3　压力容器典型事故与经验教训

6.3.1　压力容器的工作特点及失效模式

6.3.1.1　工作特点

压力容器广泛地应用于国民经济各个领域,随着科学技术的发展,在各应用领域内,承压类设备在日趋大型化的同时,其工作条件也越来越趋苛刻,如从深冷到高温(包括直接受火),从高真空到高压、超高压,各种各样腐蚀条件等。压力容器的工作条件主要是压力、温度和介质,这些条件不但在设备结构、材料、设计方面,而且在制造技术和使用管理方面都提出了更加苛刻的、更加安全可靠的要求,否则,一旦发生事故将造成极大的经济损失。

1. 压力

容器内介质的压力是压力容器在工作时所承受的主要应力。

表压力:压力容器中的压力是用压力表测量的,压力表上所表示的压力为表压力,实际上是容器内介质压力超过环境大气压力的压力差值。

工作压力:在正常工作情况下,容器顶部可能产生的最高工作压力(指表压力)。它不包括液体静压力。

设计压力:设定的容器顶部的最高压力,与相应的设计温度一起作为容器的基本设计载荷条件,其值不得低于工作压力。

2. 温度

容器的设计温度是指在正常工作情况时设定的元件的金属温度(沿元件金属截面的温度平均值)。设计温度与设计压力一起作为设计载荷条件。

压力容器的设计温度并不一定是其内部介质可能达到的温度,是指壳体的设计温度。由于容器材料的选用与设计温度有关,所以设计温度是压力容器材料选用的主要依据之一。

3. 介质

压力容器在生产工艺过程中所涉及的工艺介质品种繁多复杂,其使用安全性与内部盛装的介质密切相关。我们关心的主要是它们的易燃、易爆、毒性程度和对材料的腐蚀等性能,比如说光气,只要发生一点点泄漏,就有可能致死人命。所以,在压力容器制造中,从使用安全性出发,应将容器内部介质状况作为重点考虑因素之一。

介质的危害性,在石油、化工、天然气的工业生产装置中,参与过程的绝大部分是易燃、易爆、有毒或有腐蚀性的物质,同时这些物质的状态在工艺过程中受温度、压力的控制不断变化。因此,不论是从整个工艺装置的设计上,还是每台容器、设备的制造质量上,任何一个环节上的疏忽都会酿成恶性安全事故,给人民生命和国家财产造成重大损失。

介质的腐蚀性,即同一种材料在不同介质中,不同材料在同一介质中,即使是同一种材料、同一种介质在不同内部、外部条件(如材料金相组织、承载应力、介质浓度、温度、压力条件等)下都会表现出不同的腐蚀规律。例如:碳钢在稀硫酸中极不耐蚀,但在浓硫酸中却很稳定;铅耐稀硫酸,但不能在浓硫酸中使用;不锈钢在中、低浓度的硝酸中耐蚀,但不耐浓硝酸的腐蚀;碳钢在稀硫酸中是均匀腐蚀,奥氏体不锈钢在氯化物的水溶液中会由于应力腐蚀而产生破裂。常见的腐蚀情况有均匀腐蚀、点蚀、晶间腐蚀、应力腐蚀、高温氧化、氢脆等。

4. 其他载荷条件

承压类设备在其使用操作过程中,除在内部承受介质压力、温度载荷外,不可避免地还要承受外界风载荷或地震作用载荷。对于某些特定操作条件的设备,有可能是在循环载荷作用下运行的,同时还可能承受热应力循环作用,这就要求在设计中要考虑设备的疲劳寿命,结构上要尽可能避免应力集中,做到圆滑过渡。在设备制造中,要求焊缝完全焊透,减小余高,严格无损检测质量要求等以确保设备安全运行。另外,承压类设备还要不可避免地承受来自其他方面的各种载荷作用,都应予以适当考虑。例如:设备及其内件、附件自重;设备内盛装的物料重量,试验状态下的液体重量;来自支承、连接管道及相邻设备的作用载荷;设备运输、安装、维修时可能承受的作用载荷。

我国工业在发展过程中,因为材料生产、设备制造等技术体系缺乏完善性,造成压力容器在长期运行期间存在不同程度的缺陷与不足。还由于当下制造企业经济实力参差不齐,为减少运营成本,企业通常不会重视新技术的引进与应用,以致压力容器现存的质量缺陷难以及时解除,变形、断裂等问题频频发生。结合失效过程的特征,可将压力容器失效模式分为物理失效、化学失效两个类型,但是若对失效现象发生所具备的特征进行分析,一般会把失效模式分为变形、断裂、腐蚀、磨损及泄漏五种类型。以上五种失效模式为压力容器失效模式的基本类型,结合各自失效过程特征,又能对其做出进一步细分。

6.3.1.2　失效模式

（1）变形，即压力容器在使用过程中受物理作用、化学作用等影响其局部形态或整体形态发生改变。依据压力容器变形程度，变形失效模式又可分为弹性变形、塑性变形、蠕变变形等失效模式。例如，压力容器超载，其截面材料会进入屈服状态产生变形并出现塑性破损问题，我们将其称为压力容器的塑性变形。

（2）磨损，即压力容器在使用过程中，受自身因素、外界因素的影响，其表面形状、尺寸、组织及性能发生变化，导致功能、性能或应用效果降低或消失。依据压力容器磨损原因，磨损失效模式又可分为腐蚀磨损失效模式、颗粒磨损失效模式、疲劳磨损失效模式等类型。

（3）断裂，即压力容器在使用过程中其构件物理性能或材料物理性能发生改变，出现断裂问题。依据压力容器形成断裂的应力原因，断裂失效模式又可细分为环境断裂失效模式（包括应力腐蚀、高温蠕变、氢损坏等）与疲劳断裂失效模式（包括机械疲劳、腐蚀疲劳、振动疲劳、高温疲劳等）等表现类型。

（4）腐蚀，即压力容器受一定因素影响其局部或整体存在腐蚀破损现象。较为常见的腐蚀失效模式有电化学腐蚀、化学腐蚀、均匀腐蚀、缝隙腐蚀、晶间腐蚀等表现形式。

（5）泄漏，即压力容器在长期使用过程中，局部或整体出现损伤，形成裂缝或断裂问题，产生泄漏。

6.3.2　压力容器典型事故案例

6.3.2.1　案例1

1. 事故概况

1998 年 3 月 5 日 15 时多，西安煤气公司液化石油气管理所一名职工突然发现有液化气带着呼啸声从罐区一个容积 400 m³ 的 11# 球罐底部喷出，白色的液体冲出后迅速汽化，他赶紧向所里值班室报警。液化气管理所迅速组织人员抢修，工作人员先后用 30 多条棉被包堵球阀，并用消防水龙向被子上喷水，但强大的压强不时将棉被冲开，由于液化气比空气密度大，喷出后沉在地面形成很高的悬雾层，越来越厚难以控制。于是工作人员向消防部门报警求助，等消防车赶到时，事故罐底球阀已经破裂，毒雾（液化石油气中含有 H₂S）使参加抢险战斗的几名消防队员中毒倒地。由于消防指战员没有佩戴防毒面具，几分钟后他们都丧失了战斗能力，灾情越来越严重。此时，爆炸发生了，罐区一片火海，参加救灾的 30 多人被困。约 10 min 后，第二次爆炸发生。19 时 12 分、20 时 01 分分别发生第三次、第四次爆炸，各持续约十几秒时间。爆炸现场附近 10 万居民紧急疏散，罐区被猛烈的火焰吞没。爆炸引起的火灾持续燃烧了 37 h，3 月 7 日 19 时 05 分才完全熄灭。爆炸事故造成 11 人死亡（其中消防人员 7 人、液化石油气管理所工作人员 4 人）、1 人失踪、34 人受伤，经济损失巨大。事故现场见图 6-6。

2. 事故原因分析

1) 直接原因

（1）从排污阀外形基本完好及外表面颜色，可判断此阀未经受严重烧灼；而液相阀已扭曲变形，纯属经历严重高温烧灼、碰撞所致。液化石油气液相泄漏时出现吸热汽化现象，阀体要降温，排污阀及相连的法兰盘在火场中仍能保持一般铁锈颜色是自身泄漏的必然结果。

图 6-6　西安煤气公司液化石油气管理所储罐爆炸事故现场

（2）排污阀上法兰密封垫片上、下表面与接管法兰、上法兰密封面均在同一方位存在无贴合部位（密封垫片上表面未贴合情况尤为严重），且未贴合面积大致相同,具备泄漏的必要条件。

（3）发生液化石油气泄漏的无贴合部位,处于正南方向,正对着液相阀（位于排污阀南边）下部连接管段炸开严重烧灼的位置（朝北偏东方向）,液化石油气喷射处着火就形成液相阀及其下部接管严重烧灼的火源环境,与目击者所说"漏气方位在南边"的证词相符。

（4）排污阀上法兰密封垫片距地约 650 mm,表明泄漏位置与抢修人员的证词"由膝盖以上至大腿 77 cm 处冻伤,有明显的冻伤红肿,膝盖以下没有冻伤"所述位置相近。

综上所述,排污阀上法兰密封垫片由于长期运行导致的受力不均匀,从而引导液化石油气泄漏。

2）间接原因

（1）从消防角度看,最先进入现场的消防队战士装备不足,全队仅有 2 副防毒面具,导致大量人员中毒受伤;装备与经费不足使他们无法拥有并不昂贵却必备的危险气体探测仪,从而使得对现场已经饱和的危险气体缺乏准确判断。

（2）事故发生时,现场混乱,致使居民撤退达不到有序进行。

（3）该管理所安全管理不到位,未能将安全管理制度落实到班组、个人。

（4）该管理所应急救援预案落实情况差。

3. 事故经验教训

（1）未能及时发现排污阀存在的问题,没有及时更换法兰垫片。

（2）液化气泄漏之后的堵漏形式错误。发现液化气泄漏之后,管理所采取冷冻方法进行堵漏,冷冻方法适用于低压情况,不适用于高压情况,事实也证明了这一点。那么对于在高压情况下采取何种方法堵漏,管理所事先未制订相应的救援预案。

（3）改进法兰密封面、密封垫片结构。

（4）注意球罐底部管道等附件的相对稳定性,避免周期性冲击、振动。

（5）必须制订行之有效的应急救援预案,并定期演练。

6.3.2.2　案例 2

1.事故概况

2020 年 4 月 8 日 2 时 53 分至 3 时 12 分,河南某糠醛生产企业水解釜操作工对 B1 号水解釜进行了第一次装料,3 时 29 分至 3 时 30 分进行第二次装料,3 时 30 分开始升压,3 时 45 分开始产生糠醛气并送入初馏塔。4 时 03 分 22 秒(查电能表监控),操作工正在为 B12 号水解釜准备装料时,听一声巨响,厂房西侧发生了爆炸,工作区停电。班长通知能源公司停止供汽(4 时 04 分),并组织在岗操作工进行撤离,撤离到安全地带后清点人数,发现缺少 2 名操作工,立即组织人员搜救,在 B05 釜附近发现了清洁工一人,此时 120 救护车已到现场。随后,大家又在倒塌的厂房西侧发现了倒在地上的粉碎工段操作工受伤,立即送南乐县人民医院救治。2020 年 4 月 9 日,该操作工因抢救无效死亡。事故现场见图 6-7。

图 6-7　水解釜爆炸事故现场

2.事故原因分析

1）直接原因

该装置中水解釜使用时间已达十年之久,且受正常操作温度、压力交替变化,耐酸衬层受热胀冷缩而产生裂纹,导致酸性气体渗透过耐酸砖,与水解釜本体接触,对水解釜本体产生局部腐蚀使之变薄,甚至穿孔、裂缝。

水解釜本体受温度交替变化影响产生疲劳,超出材料屈服强度,致使设备带"病"运行。水解釜内的压力虽未达到设备设计压力,但现有水解釜承压能力不能满足生产(压力)的需要,从而导致爆炸。

2)间接原因

(1)水解釜作为压力容器,企业设备管理不到位,管理人员不懂不会,不认真履行职责,未按照规定进行月检查和年检查,未及时发现水解釜本体腐蚀这一安全隐患,导致设备带"病"运行。

(2)装置的自动化程度达不到安全要求。装置全流程未安装自动化控制系统。主要设备未加装温度、压力、流量、液位等测量、控制仪表,且水解釜压力表参数没有记录。

(3)安全阀压力设定不合理。能源公司到水解车间减温减压器后蒸汽管道安全阀设定压力为 1.47 MPa,蒸汽至水解车间蒸汽包处安全阀设定压力为 1.43 MPa。根据压力容器 2019 年 4 月鉴定报告,水解釜允许操作压力为 0.9 MPa,而废水蒸发器顶部安全阀设定压力为 1.2 MPa。室内水解釜压力超过使用压力后,外面的安全阀还没有达到设定值,存在安全隐患。

(4)公司安全管理混乱,安全生产教育和培训不到位。

(5)技术管理不规范,操作规程严重缺失,记录不规范,部分重要参数缺失。

3. 事故经验教训

(1)新建成套化工装置必须装备自动化控制系统和安全仪表系统,危险化学品重大危险源必须建立健全安全监测监控体系。

(2)加速现有企业自动化控制和安全仪表系统改造升级,减少危险岗位作业人员,提升安全科技保障能力。

(3)对糠醛生产装置中的水解釜从设计、制造、内衬安装到运行过程、定期检验等环节必须加强安全监督、安全管理措施。

(4)进入水解釜的蒸汽主管道上应加装防止超压的紧急切断装置。

6.3.2.3　案例3

1. 事故概况

2020 年 7 月 14 日 14 时 20 分,湖北黄冈市某企业在生产中使用蒸压釜时,发生容器爆炸事故,造成 1 人死亡、5 人受伤,直接经济损失 215.98 万元。

蒸压釜两名操作工将砖坯送入釜内以后,一名抵住釜门,另一名用摇杆手动锁门,于 11 时 20 分完成锁门。随即通蒸汽对砖坯加热烘干,12 时左右停止加热,排冷水蒸气 2~3 min。12 时 40 分再次通蒸汽开始升温,根据压力表记录显示压力为 0.55 MPa。14 时,蒸压釜达到恒温状态,根据压力表记录显示压力为 0.63 MPa。14 时 16 分,蒸压釜发生容器爆炸事故,蒸压釜釜门被压力冲开,打翻现场的两台龙门吊后停在离爆炸点约 50 m 的东北方向,釜体则被反作用力冲至离爆炸点约 78 m 的西南方向(蒸压釜设计工作压力为 1.3 MPa。事故当天集中供气的蒸汽输出压力为 0.8 MPa,涉事蒸压釜发生事故时,釜内压力不高于 0.8 MPa),在 2# 釜门前的小型货车上装载灰砂砖(货车距离釜门 13.3 m)的一名搬运工被飞出的釜门和气浪共同作用冲至离爆炸点约 50 m 处食堂墙边,医护人员 14 时 50 分左右到达现场后立即对搬运工进行了检查,经现场诊断确定已经死亡。在场的其他 5 人均被冲击波和热蒸汽致伤。事故现场见图 6-8。

图 6-8　蒸压釜爆炸现场

2. 事故原因分析

1) 直接原因

两名操作工未取得特种设备人员操作证,未掌握快开门式压力容器操作相应的基础知识、安全使用操作知识和法规标准知识,不具备相应的实际操作技能,凭经验手动关闭 2# 蒸压釜釜门后,开始通蒸汽进行烘干,导致蒸压釜釜门处于未锁死状态,釜内压力逐步升高后发生容器爆炸事故。

2) 间接原因

(1) 快开门连锁保护装置未投入使用,导致在釜门未锁死状态下进汽升压。

(2) 生产单位主体责任未落实,未建立安全生产责任制、安全管理制度和安全操作规程不完善,未建立蒸压釜操作规程。

(3) 安排无资质人员从事特种设备作业,未按规定对从业人员进行安全生产教育和培训,未设置专职或兼职安全管理人员。

3. 事故经验教训

(1) 严禁不安装快开门连锁保护装置的蒸压釜运行。连锁保护装置应具备当快开门达到预定关闭部位方能升压运行的功能,以及当压力容器的内部压力完全释放后方能打开快开门的功能。

(2) 严禁快开门连锁保护装置解列或被人为屏蔽。

(3) 严禁无证或违规操作。

(4) 按规定进行定期检验,及时进行维修保养。

6.4　压力管道典型事故与经验教训

6.4.1　压力管道的工作特点及失效模式

6.4.1.1　工作特点

随着石油、化工、冶金、电力、机械等行业的飞速发展,压力管道被广泛用于这些行业生产,以及城市燃气和供热系统等公众生活之中,而且占据着越来越重要的地位。

作为五大运输方式之一的管道运输,在世界上已有100多年的历史,至今发达国家的原油管输量占其总输量的80%。在现代工业生产和城市建设中的各个领域,几乎一切流体在其生产、加工、运输及使用过程中都使用压力管道运输系统。压力管道工程日益复杂,正朝着大型化、整体化和自动化方向发展。

压力管道具有数量多、分布广、系统性等特点,遍布于石油、化工、电力、热能、化肥、冶金、农药、食品、医药等行业,大部分压力管道使用条件复杂,常常输送易燃、易爆、高温、高压、腐蚀性等介质。压力管道长径比很大,极易失稳,受力情况比压力容器更复杂,压力管道内流体流动状态复杂,缓冲余地小,工作条件变化频率比压力容器高(如高温、高压、低温、低压、位移变形、风、雪、地震等都可能影响压力管道受力情况),由于历史、技术、管理上的原因,现行压力管道在设计、制造、安装及运行管理中存在各类损伤问题,管道发生失效甚至发生破坏性事故时也有发生。

压力管道所受应力主要来源于管道内、外部环境作用,主要载荷包括:内压、外压压差或重力载荷(管道组成件、隔热材料以及由管道支撑的其他重力载荷、流体重量以及寒冷地区的冰、雪重量);动力载荷(风载荷、地震载荷、流体流动导致的冲击、压力波动和闪蒸等;由机械、风或流体流动引起的振动,流体排放反力等);温差载荷(温度变化时因管道约束产生的载荷);端点位移引起的载荷等。

6.4.1.2　失效模式

压力管道发生故障导致失效或事故,实质上是管道应力超过管道材料承受能力所致,当管道某处所受应力高于材料所承受的极限时,该处就会发生材料损伤,进而出现管道损伤破坏。因此,压力管道的失效分析可以从材料性能和应力状态两方面考虑。

压力管道失效是指管道损伤积累到一定程度,管道功能不能满足其设计规定,或强度、刚度不满足使用要求的状态。

压力管道常常按照损伤发生的原因、产生的后果、失效时宏观变形量和失效时材料的微观断裂机制进行分类。

(1)按发生失效产生的后果或现象可分为泄漏、爆炸、失稳、变形。

泄漏:压力管道由于管道裂纹或爆管、腐蚀变薄穿孔、法兰及阀门密封失效等各种原因造成的介质流溢。泄漏常常引起火灾、爆炸、中毒、伤亡、污染等严重事故的发生。

爆炸:在较短时间和较小空间内,能量从一种形式向另外一种或几种形式转化并伴有强烈机械效应的过程,也是一种极为迅速的物理或化学的能量释放过程。压力管道输送介质常常具有易燃易爆特性,输送介质受环境影响或超温、超压工况下,发生爆炸事故,产生巨大的破坏作用。

失稳:稳定性失效,丧失保持稳定平衡的能力。压力管道常常因为地质灾害、沉降、变形导致稳定性下降,无法满足安全生产需求的一种失效形式。压力管道是一个系统,相互关系、相互影响,长径比很大,受力情况比压力容器更复杂,极易失稳。管道失稳主要由压应力导致,主要出现在大直径薄壁管道,深水环境中的厚壁管也可能出现失稳。

变形:不合理或错误的设计、安装,热应力导致压力管道在某些位置产生很大反力和反力矩、管系震动导致管道超出允许震动控制范围,致使管道系统发生结构(或其一部分)形状改变的现象,严重时压力管道发生整体坍塌。

造成管道发生变形的原因比较多,架空管道常常因为支吊架设计不合理、输送介质存在压力波动、地基沉降、温差效应、外物撞击等导致变形;埋地管道常常因为地质灾害(地震、滑坡、泥石流等)、第三方施工、车辆碾压、占压、恶劣天气(暴雨、暴雪、台风等)等导致变形;穿越河流、海洋等管道常常因为洪水冲击、冲刷悬空、船舶撞击、河道施工等导致变形。

(2)按故障发生原因大体可分为因超压造成过度的变形、因存在原始缺陷而造成的低应力脆断、因环境或介质影响造成的腐蚀破坏、因交变载荷而导致发生的疲劳破坏、因高温高压环境造成的蠕变破坏等。

(3)按发生故障后管道失效时宏观变形量的大小可分为韧性破坏(延性破坏)和脆性破坏两大类。

(4)按发生故障后管道失效时材料的微观(显微)断裂机制可分为韧窝断裂、解理断裂、沿晶脆性断裂和疲劳断裂等。

(5)实际工作中,往往采用一种习惯的混合分类方法,即以宏观分类法为主,再结合一些断裂特征,通常分为韧性失效、脆性失效、疲劳失效、高温蠕变失效、腐蚀失效等。

①韧性失效。

韧性失效是管道在压力的作用下管壁产生的应力达到材料的强度极限,从而发生断裂的一种失效形式。管道的韧性断裂是裂纹发生和扩展的过程。发生韧性失效的管道,失效往往是由于超过强度极限而引起的。断裂前的伸长量可达到25%,可见韧性材料的能量吸收能力是很大的。能量吸收能力对于静态载荷的影响较小,但对于抵抗冲击载荷的影响较大。如果没有较大的能量吸收能力,非常小的冲击载荷都可能产生破坏性的应力。韧性断裂主要发生在裂纹缺陷处或形状不连续处。

②脆性失效。

脆性失效是指管道破坏时没有发生宏观变形,破坏时的管壁应力也远未达到材料的强度极限,有的甚至还低于屈服极限。脆性破坏往往在一瞬间发生,并以极快的速度扩展。这种破坏现象称为脆性破坏。脆性破坏在较低的应力状态下发生,基本原因是材料的脆性和严重缺陷。管道脆性破坏的主要原因是材料的缺陷,特别是以裂纹性缺陷引起的事故所占的比例最高。

③疲劳失效。

疲劳失效是指管道长期受到反复加压和卸压的交变载荷作用出现金属材料的疲劳产生的一种破坏形式。疲劳断裂的特点是在低于材料强度的交变应力作用下突然断裂,在拉伸—压缩对称的应力循环中,疲劳极限约为抗拉强度的40%。蒸汽管道受热或冷却过程直接影响到管道的抗疲劳性能,随着温度的变化形成一次次的循环加载,可能最终导致管道失效。

④高温蠕变失效。

金属材料长期在不变的温度和不变的应力作用下,发生缓慢的塑性变形的现象,称为蠕变。蠕变现象的产生,是由三个方面的因素构成的:温度、应力和时间。一般金属的蠕变现象只有在高温条件下才明显表现出来。一般认为,材料的使用温度不高于其熔化温度的25%~35%,则可不考虑蠕变。承压的蒸汽管道中温度高、应力集中的部位易发生蠕变,尤其在三通、接管、缺陷和焊接接头等结构不连续处可观察到明显的鼓胀等变形。

⑤腐蚀失效。

压力管道的腐蚀是由于受到内部输送物料及外部环境介质的化学或电化学作用(也包括机械等因素的共同作用)而发生的破坏。

压力管道在使用中腐蚀失效最具有普遍性。特别是化学工业,因其介质腐蚀性强,并常常伴有高温、高压、磨损等,最易发生管道破坏事故。

压力管道的腐蚀破坏形态,除全面腐蚀外,尚有局部腐蚀、应力腐蚀、腐蚀疲劳及氢损伤。其中危害最大的当属应力腐蚀破裂,金属材料在腐蚀介质中经历一段时间后在拉应力作用下出现裂纹与断裂,往往在没有先兆的情况下突然发生,造成预测不到的破坏。

对蒸汽管道而言,腐蚀失效一般为保温层下腐蚀,是指金属在保温层下发生的腐蚀。对低中压的集中供热蒸汽管道来说,有时候临时停气等原因,导致使用温度下降或保温层变湿,就会发生保温层下腐蚀。一般当蒸汽管道和容器在低于 121 ℃的温度下操作时,保温层下金属表面的腐蚀就变成严重问题。因覆盖层与材料表面间容易在覆盖层破损部位渗水,随着水汽蒸发,雨水中氯化物会凝聚下来,有些覆盖层本身含有的氯化物也可能溶解到渗水中,在残余应力作用下(如焊缝和冷弯部位),容易产生应力腐蚀开裂。

腐蚀是导致管道失效的主要形式之一,主要原因是选材不当、防腐措施不妥、定检不落实。

6.4.2　压力管道典型事故案例

6.4.2.1　案例 1

1.事故概况

2013 年 11 月 22 日凌晨 3 点,青岛经济开发区(黄岛区)发生输油管泄漏爆燃事故。位于黄岛区秦皇岛路与斋堂岛路交汇处,中石化输油储运公司输油管线破裂,事故发现后,约 3 点 15 分关闭输油,斋堂岛街 1 000 m² 路面被原油污染,部分原油沿着排水暗渠进入胶州湾,海面过油面积约 3 000 m²。黄岛区立即组织在海面布设两道围油栏。处置过程中,上午 10 点 30 分,黄岛区海河路和斋堂岛路交汇处发生爆燃。

事故造成 62 人死亡,医院共收治伤员 136 人。事故现场见图 6-9,事故现场位置示意图见图 6-10。

图 6-9　青岛经济开发区输油管泄漏爆燃事故现场

2.事故原因分析

1)直接原因

输油管道与排水暗渠交汇处管道腐蚀减薄、管道破裂、原油泄漏,流入排水暗渠,所挥

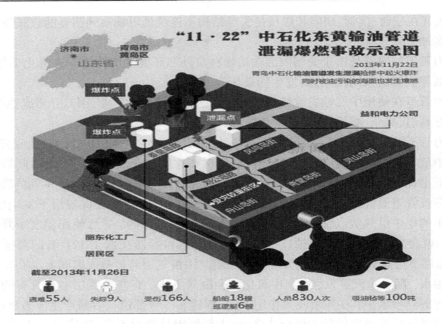

图 6-10　输油管道泄漏爆燃事故现场位置示意图

发的油气与暗渠当中的空气混合形成易燃易爆混合气体,在相对封闭的空间内聚集。现场处置人员使用不防爆的液压破碎锤,在暗渠盖板上打孔破碎,产生撞击火花,引发暗渠内油气爆炸。由于原油泄漏到管道关闭之间 8 个多小时期间,泄漏原油形成的混合气体受排水倒灌影响,在排水暗渠中蔓延扩散,从而导致在大范围内连续发生爆炸。

2)间接原因

(1)输油管道与城市排水管网规划布置不合理。

(2)安全生产责任不落实,对输油管道疏于管理,造成原油泄漏。

(3)泄漏后的应急处置不当,未按规定采取设置警戒区、封闭道路、通知疏散人员等预防措施。

3. 事故经验教训

(1)事故并不存在完全不可预知或不可抗力因素,泄漏的可能性、可能造成的危害、预防和应对措施都应在应急预案之中。

(2)事发后应对措施不当,在关闭输油管道后,按照流程应该往原油泄漏的地方注水,防止气体挥发聚集。

(3)在现场环境和安全防护措施未确认符合安全施工条件下,不得进行可能引爆的现场机械操作。

(4)严格落实安全生产责任,保障油气管道安全运行。

(5)必须提升城市安全保障能力和应急处置水平。

6.4.2.2　案例 2

1. 事故概况

2000 年 7 月 9 日凌晨,北京首钢电力厂汽机车间主蒸汽管道发生爆炸重大事故,造成 6 人死亡,直接经济损失 75 万余元。

7 月 9 日 0 时 57 分,北京首钢电力厂汽机车间主蒸汽母管北端阀门与管道焊接部位
发生泄漏,1 时 01 分左右该阀门与主蒸
汽母管焊接部位撕裂,发生爆炸。阀门
连同长约 1.5 m 的管道向北飞出 13.3
m,将 3# 锅炉、汽轮机值班室的南、北两
堵墙击塌,从主蒸汽管道中喷出的高温
高压蒸汽将值班室内的控制设备损坏,
值班室内 6 名人员被砸、烫伤,经送医院
抢救无效死亡。事故现场见图 6-11。

图 6-11　事故现场断裂后的阀体

2. 事故原因分析

1) 直接原因

首钢电力厂蒸汽母管北侧末端阀门爆炸的直接原因:事故阀门的材质为碳素铸钢,该
材料的使用不符合《锅炉安全技术监察规程》有关规定,不能用于工况为 530 ℃的蒸汽母
管上。焊缝存在错边、未焊透及夹渣等严重缺陷,是产生裂纹源并引发断裂的主要原因。

断口宏观观察及断口在扫描电镜下观察结果表明:裂纹由焊缝向铸钢阀体扩展,最终
断口处有斜边,具有准解理的断裂形貌特征,同时在断裂源区可以看到许多二次裂纹。也
就是说,蒸汽管爆裂时,因焊接缺陷引起的裂纹扩展到一定程度时沿阀体侧发生了低应力
脆断。

35# 铸钢阀体,除铸件本身材质致密性较差(在金相显微镜下可以见到孔洞)外,基体
没有固溶及析出强化相,其热稳定性和热强性较差,所以不能用于 530 ℃的工况条件,更
不要说是在其工况条件下长期工作。

35# 铸钢阀体的断裂韧性比 CrMo 钢要低,裂纹起源于焊缝,当裂纹长度达到 35# 铸钢
阀体在 530 ℃时的临界裂纹长度时,就发生了瞬间的低应力脆断。

2) 间接原因

首钢电力厂 4 台 220 t/h 锅炉的布置为并联,并经主蒸汽管道汇总于蒸汽母管线上。
蒸汽母管北侧末端有一阀门(事故阀门)。该阀门是在 1986 年为调试 1 号锅炉、1 号汽轮
机时用于吹洗蒸汽管道而安装的临时管道阀门。编号为 11 号。调试结束后,没有将其拆
除。经调查,此事故阀门在投入使用之后未对其进行定期检查。

3. 事故经验教训

(1) 必须严格执行有关法规,认真进行检验,特别对与竣工图不一致的管道管件,认
真检查,消除事故隐患。

(2) 安装时,对工艺性管道管件与承压部件的焊接要给予同等重视。

(3) 安装结束后,必须严格执行竣工图,对工艺性管道管件应当拆除。

附录　特种设备使用管理规则(TSG 08—2017)

1　总　则

1.1　目的

为规范特种设备使用管理,保障特种设备安全经济运行,根据《中华人民共和国特种设备安全法》《中华人民共和国安全生产法》《中华人民共和国节约能源法》和《特种设备安全监察条例》,制定本规则。

1.2　适用范围

本规则适用于《特种设备目录》范围内特种设备的安全与节能管理。

1.3　使用单位主体责任

特种设备使用单位应当按照本规则规定,负责特种设备安全与节能管理,承担特种设备使用安全与节能主体责任。

1.4　监督管理

1.4.1　职责分工

县级以上地方各级人民政府负责特种设备安全监督管理的部门(以下简称特种设备安全监管部门)对本行政区域内特种设备使用安全、高耗能特种设备节能实施监督管理。国家质检总局对全国特种设备使用安全、高耗能特种设备节能的监督管理工作进行监督和指导。

1.4.2　使用登记

特种设备安全监管部门依据法定职责,按照本规则的要求负责办理特种设备使用登记,本规则和其他特种设备安全技术规范(以下简称安全技术规范)明确不需要办理使用登记的特种设备除外。

1.4.3　监督检查

特种设备安全监管部门对已经使用登记的特种设备,根据风险状况,按照分类监管原则,确定监督检查重点,制订监督检查计划,对本行政区域内的特种设备使用安全、高耗能特种设备节能实施情况进行现场监督检查。

1.4.4　信息化和安全状况公布

负责办理使用登记的特种设备安全监管部门应当按照特种设备信息化管理的规定,建立特种设备管理信息系统,及时输入、更新有关数据。

国家质检总局和省级特种设备安全监管部门应当每年向社会公布特种设备安全总体状况,省级以下(不含省级)特种设备安全监管部门根据工作需要,适时公布本行政区域内的特种设备安全状况。

2　使用单位及其人员

2.1　使用单位含义

2.1.1　一般规定

本规则所指的使用单位,是指具有特种设备使用管理权的单位(注 2-1)或者具有完全民事行为能力的自然人,一般是特种设备的产权单位(产权所有人,下同),也可以是产权单位通过符合法律规定的合同关系确立的特种设备实际使用管理者。特种设备属于共有的,共有人可以委托物业服务单位或者其他管理人管理特种设备,受托人是使用单位;共有人未委托的,实际管理人是使用单位;没有实际管理人的,共有人是使用单位。

特种设备用于出租的,出租期间,出租单位是使用单位;法律另有规定或者当事人合同约定的,从其规定或者约定。

注 2-1:单位包括公司、子公司、机关事业单位、社会团体等具有法人资格的单位和具有营业执照的分公司、个体工商户等。

2.1.2　特别规定

新安装未移交业主的电梯,项目建设单位是使用单位;委托物业服务单位管理的电梯,物业服务单位是使用单位;产权单位自行管理的电梯,产权单位是使用单位。

气瓶的使用单位一般是指充装单位,车用气瓶、非重复充装气瓶、呼吸器用气瓶的使用单位是产权单位。

2.2　使用单位主要义务

特种设备使用单位主要义务如下:

(1)建立并且有效实施特种设备安全管理制度和高耗能特种设备节能管理制度,以及操作规程。

(2)采购、使用取得许可生产(含设计、制造、安装、改造、修理,下同),并且经检验合格的特种设备,不得采购超过设计使用年限的特种设备,禁止使用国家明令淘汰和已经报废的特种设备。

(3)设置特种设备安全管理机构,配备相应的安全管理人员和作业人员,建立人员管理台账,开展安全与节能培训教育,保存人员培训记录。

(4)办理使用登记,领取《特种设备使用登记证》,设备注销时交回使用登记证。

(5)建立特种设备台账及技术档案。

(6)对特种设备作业人员作业情况进行检查,及时纠正违章作业行为。

(7)对在用特种设备进行经常性维护保养和定期自行检查,及时排查和消除事故隐患,对在用特种设备的安全附件、安全保护装置及其附属仪器仪表进行定期校验(检定、校准,下同)、检修,及时提出定期检验和能效测试申请,接受定期检验和能效测试,并且做好相关配合工作。

（8）制订特种设备事故应急专项预案,定期进行应急演练;发生事故及时上报,配合事故调查处理等。

（9）保证特种设备安全、节能必要的投入。

（10）法律、法规规定的其他义务。

使用单位应当接受特种设备安全监管部门依法实施的监督检查。

2.3　特种设备安全管理机构

2.3.1　职责

特种设备安全管理机构是指使用单位中承担特种设备安全管理职责的内设机构。高耗能特种设备使用单位可以将节能管理职责交由特种设备安全管理机构承担。

特种设备安全管理机构的职责是贯彻执行特种设备有关法律、法规和安全技术规范及相关标准,负责落实使用单位的主要义务;承担高耗能特种设备节能管理职责的机构,还应当负责开展日常节能检查,落实节能责任制。

2.3.2　机构设置

符合下列条件之一的特种设备使用单位,应当根据本单位特种设备的类别、品种、用途、数量等情况设置特种设备安全管理机构,逐台落实安全责任人:

（1）使用电站锅炉或者石化与化工成套装置的。

（2）使用为公众提供运营服务电梯的(注 2-2),或者在公众聚集场所(注 2-3)使用30 台以上(含 30 台)电梯的。

（3）使用 10 台以上(含 10 台)大型游乐设施的,或者 10 台以上(含 10 台)为公众提供运营服务非公路用旅游观光车辆的。

（4）使用客运架空索道,或者客运缆车的。

（5）使用特种设备(不含气瓶)总量 50 台以上(含 50 台)的。

注 2-2:为公众提供运营服务的特种设备使用单位,是指以特种设备作为经营工具的使用单位。

注 2-3:公众聚集场所,是指学校、幼儿园、医疗机构、车站、机场、客运码头、商场、餐饮场所、体育场馆、展览馆、公园、宾馆、影剧院、图书馆、儿童活动中心、公共浴池、养老机构等。

2.4　管理人员和作业人员

2.4.1　主要负责人

主要负责人是指特种设备使用单位的实际最高管理者,对其单位所使用的特种设备安全节能负总责。

2.4.2　安全管理人员

2.4.2.1　安全管理负责人

特种设备使用单位应当配备安全管理负责人。特种设备安全管理负责人是指使用单位最高管理层中主管本单位特种设备使用安全管理的人员。按照本规则要求设置安全管理机构的使用单位安全管理负责人,应当取得相应的特种设备安全管理人员资格证书。

安全管理负责人职责如下:

(1)协助主要负责人履行本单位特种设备安全的领导职责,确保本单位特种设备的安全使用。

(2)宣传、贯彻《中华人民共和国特种设备安全法》以及有关法律、法规、规章和安全技术规范。

(3)组织制定本单位特种设备安全管理制度,落实特种设备安全管理机构设置、安全管理员配备。

(4)组织制订特种设备事故应急专项预案,并且定期组织演练。

(5)对本单位特种设备安全管理工作实施情况进行检查。

(6)组织进行隐患排查,并且提出处理意见。

(7)当安全管理员报告特种设备存在事故隐患应当停止使用时,立即作出停止使用特种设备的决定,并且及时报告本单位主要负责人。

2.4.2.2　安全管理员

2.4.2.2.1　安全管理员职责

特种设备安全管理员是指具体负责特种设备使用安全管理的人员。安全管理员的主要职责如下:

(1)组织建立特种设备安全技术档案。

(2)办理特种设备使用登记。

(3)组织制定特种设备操作规程。

(4)组织开展特种设备安全教育和技能培训。

(5)组织开展特种设备定期自行检查。

(6)编制特种设备定期检验计划,督促落实定期检验和隐患治理工作。

(7)按照规定报告特种设备事故,参加特种设备事故救援,协助进行事故调查和善后处理。

(8)发现特种设备事故隐患,立即进行处理,情况紧急时,可以决定停止使用特种设备,并且及时报告本单位安全管理负责人。

(9)纠正和制止特种设备作业人员的违章行为。

2.4.2.2.2　安全管理员配备

特种设备使用单位应当根据本单位特种设备的数量、特性等配备适当数量的安全管理员。按照本规则要求设置安全管理机构的使用单位以及符合下列条件之一的特种设备使用单位,应当配备专职安全管理员,并且取得相应的特种设备安全管理人员资格证书:

(1)使用额定工作压力大于或者等于 2.5 MPa 锅炉的。

(2)使用 5 台以上(含 5 台)第Ⅲ类固定式压力容器的。

(3)从事移动式压力容器或者气瓶充装的。

(4)使用 10 km 以上(含 10 km)工业管道的。

(5)使用移动式压力容器,或者客运拖牵索道,或者大型游乐设施的。

(6)使用各类特种设备(不含气瓶)总量 20 台以上(含 20 台)的。

除前款规定外的使用单位可以配备兼职安全管理员,也可以委托具有特种设备安全管理人员资格的人员负责使用管理,但是特种设备安全使用的责任主体仍然是使用单位。

2.4.3 节能管理人员

高耗能特种设备使用单位应当配备节能管理人员,负责宣传贯彻特种设备节能的法律法规。

锅炉使用单位的节能管理人员应当组织制定本单位锅炉节能制度,对锅炉节能管理工作实施情况进行检查;建立锅炉节能技术档案,组织开展锅炉节能教育培训;编制锅炉能效测试计划,督促落实锅炉定期能效测试工作。

2.4.4 作业人员

2.4.4.1 作业人员职责

特种设备作业人员应当取得相应的特种设备作业人员资格证书,其主要职责如下:

(1)严格执行特种设备有关安全管理制度,并且按照操作规程进行操作;

(2)按照规定填写作业、交接班等记录;

(3)参加安全教育和技能培训;

(4)进行经常性维护保养,对发现的异常情况及时处理,并且作出记录;

(5)作业过程中发现事故隐患或者其他不安全因素,应当立即采取紧急措施,并且按照规定的程序向特种设备安全管理人员和单位有关负责人报告;

(6)参加应急演练,掌握相应的应急处置技能。

锅炉作业人员应当严格执行锅炉节能管理制度,参加锅炉节能教育和技术培训。

2.4.4.2 作业人员配备

特种设备使用单位应当根据本单位特种设备数量、特性等配备相应持证的特种设备作业人员,并且在使用特种设备时应当保证每班至少有一名持证的作业人员在岗。有关安全技术规范对特种设备作业人员有特殊规定的,从其规定。

医院病床电梯、直接用于旅游观光的额定速度大于 2.5 m/s 的乘客电梯以及需要司机操作的电梯,应当由持有相应特种设备作业人员证的人员操作。

2.5 特种设备安全与节能技术档案

使用单位应当逐台建立特种设备安全与节能技术档案。安全技术档案至少包括以下内容:

(1)使用登记证。

(2)《特种设备使用登记表》。

(3)特种设备设计、制造技术资料和文件,包括设计文件、产品质量合格证明(含合格证及其数据表、质量证明书)、安装及使用维护保养说明、监督检验证书、型式试验证书等。

(4)特种设备安装、改造和修理的方案、图样(注 2-4)、材料质量证明书和施工质量证明文件、安装改造修理监督检验报告、验收报告等技术资料。

(5)特种设备定期自行检查记录(报告)和定期检验报告。

(6)特种设备日常使用状况记录。

(7)特种设备及其附属仪器仪表维护保养记录。

(8)特种设备安全附件和安全保护装置校验、检修、更换记录和有关报告。

(9)特种设备运行故障和事故记录及事故处理报告。

特种设备节能技术档案包括锅炉能效测试报告、高耗能特种设备节能改造技术资料等。

使用单位应当在设备使用地保存 2.5 中(1)、(2)、(5)、(6)、(7)、(8)、(9)规定的资料和特种设备节能技术档案的原件或者复印件,以便备查。

注 2-4:压力管道图样是指管道单线图(轴测图)。

2.6　安全节能管理制度和操作规程

2.6.1　安全节能管理制度

特种设备使用单位应当按照特种设备相关法律、法规、规章和安全技术规范的要求,建立健全特种设备使用安全节能管理制度。管理制度至少包括以下内容:

(1)特种设备安全管理机构(需要设置时)和相关人员岗位职责。

(2)特种设备经常性维护保养、定期自行检查和有关记录制度。

(3)特种设备使用登记、定期检验、锅炉能效测试申请实施管理制度。

(4)特种设备隐患排查治理制度。

(5)特种设备安全管理人员与作业人员管理和培训制度。

(6)特种设备采购、安装、改造、修理、报废等管理制度。

(7)特种设备应急救援管理制度。

(8)特种设备事故报告和处理制度。

(9)高耗能特种设备节能管理制度。

2.6.2　特种设备操作规程

使用单位应当根据所使用设备运行特点等,制定操作规程。操作规程一般包括设备运行参数、操作程序和方法、维护保养要求、安全注意事项、巡回检查和异常情况处置规定,以及相应记录等。

2.7　维护保养与检查

2.7.1　经常性维护保养

使用单位应当根据设备特点和使用状况对特种设备进行经常性维护保养,维护保养应当符合有关安全技术规范和产品使用维护保养说明的要求。对发现的异常情况及时处理,并且作出记录,保证在用特种设备始终处于正常使用状态。

法律对维护保养单位有专门资质要求的,使用单位应当选择具有相应资质的单位实施维护保养。鼓励其他特种设备使用单位选择具有相应能力的专业化、社会化维护保养单位进行维护保养。

2.7.2　定期自行检查

为保证特种设备的安全运行,特种设备使用单位应当根据所使用特种设备的类别、品种和特性进行定期自行检查。

定期自行检查的时间、内容和要求应当符合有关安全技术规范的规定及产品使用维护保养说明的要求。

2.7.3　试运行安全检查

客运索道、大型游乐设施在每日投入使用前,其运营使用单位应当按照有关安全技术规范和产品使用维护保养说明的要求,开展设备运营前的试运行检查和例行安全检查,对安全保护装置进行检查确认,并且作出记录。

2.8　水(介)质

锅炉以及以水为介质产生蒸汽的压力容器的使用单位,应当做好锅炉水(介)质、压力容器水质的处理和监测工作,保证水(介)质质量符合相关要求。

2.9　安全警示

电梯、客运索道、大型游乐设施的运营使用单位应当将安全使用说明、安全注意事项和安全警示标志置于易于引起乘客注意的位置。

除前款以外的其他特种设备应当根据设备特点和使用环境、场所,设置安全使用说明、安全注意事项和安全警示标志。

2.10　定期检验

(1)使用单位应当在特种设备定期检验有效期届满的 1 个月以前,向特种设备检验机构提出定期检验申请,并且做好相关的准备工作。

(2)移动式(流动式)特种设备,如果无法返回使用登记地进行定期检验的,可以在异地(指不在使用登记地)进行,检验后,使用单位应当在收到检验报告之日起 30 日内将检验报告(复印件)报送使用登记机关。

(3)定期检验完成后,使用单位应当组织进行特种设备管路连接、密封、附件(含零部件、安全附件、安全保护装置、仪器仪表等)和内件安装、试运行等工作,并且对其安全性负责。

(4)检验结论为合格时(注 2-5),使用单位应当按照检验结论确定的参数使用特种设备。

注 2-5:有关安全技术规范中检验结论为"合格""复检合格""符合要求""基本符合要求""允许使用"统称为合格。

2.11　隐患排查与异常情况处理

2.11.1　隐患排查

使用单位应当按照隐患排查治理制度进行隐患排查,发现事故隐患应当及时消除,待隐患消除后,方可继续使用。

2.11.2　异常情况处理

特种设备在使用中发现异常情况的,作业人员或者维护保养人员应当立即采取应急措施,并且按照规定的程序向使用单位特种设备安全管理人员和单位有关负责人报告。

使用单位应当对出现故障或者发生异常情况的特种设备及时进行全面检查,查明故障和异常情况原因,并且及时采取有效措施,必要时停止运行,安排检验、检测,不得带病运行、冒险作业,待故障、异常情况消除后,方可继续使用。

2.12　应急预案与事故处置

2.12.1　应急预案

按照本规则要求设置特种设备安全管理机构和配备专职安全管理员的使用单位,应当制订特种设备事故应急专项预案,每年至少演练一次,并且作出记录;其他使用单位可以在综合应急预案中编制特种设备事故应急的内容,适时开展特种设备事故应急演练,并且作出记录。

2.12.2　事故处置

发生特种设备事故的使用单位,应当根据应急预案,立即采取应急措施,组织抢救,防止事故扩大,减少人员伤亡和财产损失,并且按照《特种设备事故报告和调查处理规定》的要求,向特种设备安全监管部门和有关部门报告,同时配合事故调查和做好善后处理工作。

发生自然灾害危及特种设备安全时,使用单位应当立即疏散、撤离有关人员,采取防止危害扩大的必要措施,同时向特种设备安全监管部门和有关部门报告。

2.13　移装

特种设备移装后,使用单位应当办理使用登记变更。整体移装的,使用单位应当进行自行检查;拆卸后移装的,使用单位应当选择取得相应许可的单位进行安装。按照有关安全技术规范要求,拆卸后移装需要进行检验的,应当向特种设备检验机构申请检验。

2.14　达到设计使用年限的特种设备

特种设备达到设计使用年限,使用单位认为可以继续使用的,应当按照安全技术规范及相关产品标准的要求,经检验或者安全评估合格,由使用单位安全管理负责人同意、主要负责人批准,办理使用登记变更后,方可继续使用。允许继续使用的,应当采取加强检验、检测和维护保养等措施,确保使用安全。

2.15　移动式压力容器和气瓶充装单位特别规定

(1)移动式压力容器、气瓶充装单位,应当取得相应的充装许可资质,方可从事充装活动。

(2)充装单位应当建立并且落实充装前、充装后的检查与记录制度,禁止对不符合安全技术规范要求的移动式压力容器和气瓶进行充装,不得错装、混装介质。

(3)气瓶充装单位应当向气体使用者提供符合安全技术规范要求的气瓶(车用气瓶、非重复充装气瓶、呼吸器用气瓶除外),并且对气体使用者进行气瓶安全使用指导,为自有气瓶和托管气瓶建立充装档案。

（4）禁止充装永久性标记不清或者被修改、超期未检或者检验不合格、报废的移动式压力容器和气瓶；不得充装未在充装单位建立档案的气瓶（车用气瓶、非重复充装气瓶、呼吸器用气瓶除外）。

（5）气瓶充装单位应当建立气瓶管理信息系统，对气瓶的数量、充装、检验以及流转进行动态管理。

（6）鼓励气瓶充装单位利用二维码、电子标签等技术对气瓶进行信息化管理。

2.16　起重机使用单位特别规定

使用单位负责塔式起重机、施工升降机在使用过程中的顶升行为，并且对其安全性能负责。

3　使用登记

3.1　一般要求

（1）特种设备在投入使用前或者投入使用后 30 日内，使用单位应当向特种设备所在地的直辖市或者设区的市的特种设备安全监管部门申请办理使用登记，办理使用登记的直辖市或者设区的市的特种设备安全监管部门，可以委托其下一级特种设备安全监管部门（以下简称登记机关）办理使用登记；对于整机出厂的特种设备，一般应当在投入使用前办理使用登记。

（2）流动作业的特种设备，向产权单位所在地的登记机关申请办理使用登记。

（3）移动式大型游乐设施每次重新安装后、投入使用前，使用单位应当向使用地的登记机关申请办理使用登记。

（4）车用气瓶应当在投入使用前，向产权单位所在地的登记机关申请办理使用登记。

（5）国家明令淘汰或者已经报废的特种设备，不符合安全性能或者能效指标要求的特种设备，不予办理使用登记。

3.2　登记方式

3.2.1　按台（套）办理使用登记的特种设备

锅炉、压力容器（气瓶除外）、电梯、起重机械、客运索道、大型游乐设施和场（厂）内专用机动车辆应当按台（套）向登记机关办理使用登记，车用气瓶以车为单位进行使用登记。

3.2.2　按单位办理使用登记的特种设备

气瓶（车用气瓶除外）、工业管道应当以使用单位为对象向登记机关办理使用登记。

3.3　不需要办理使用登记的特种设备

使用单位应当参照本规则及有关安全技术规范中使用管理的相应规定，对不需要办理使用登记的锅炉、压力容器实施安全管理。

3.3.1　锅炉

D 级锅炉。

3.3.2　压力容器

(1)深冷装置中非独立的压力容器、直燃型吸收式制冷装置中的压力容器、铝制板翅式热交换器、过程装置中冷箱内的压力容器。

(2)盛装第二组介质的无壳体的套管热交换器。

(3)超高压管式反应器。

(4)移动式空气压缩机的储气罐。

(5)水力自动补气气压给水(无塔上水)装置中的气压罐,消防装置中的气体或者气压给水(泡沫)压力罐。

(6)水处理设备中的离子交换或者过滤用压力容器、热水锅炉用膨胀水箱。

(7)蓄能器承压壳体。

(8)简单压力容器。

(9)消防灭火用气瓶、呼吸器用气瓶、非重复充装气瓶。

3.4　使用登记程序

使用登记程序,包括申请、受理、审查和颁发使用登记证。

3.4.1　申请

3.4.1.1　按台(套)办理

使用单位申请办理特种设备使用登记时,应当逐台(套)填写使用登记表,向登记机关提交以下相应资料,并且对其真实性负责:

(1)使用登记表(一式两份)。

(2)含有使用单位统一社会信用代码的证明或者个人身份证明(适用于公民个人所有的特种设备)。

(3)特种设备产品合格证(含产品数据表、车用气瓶安装合格证明)。

(4)特种设备监督检验证明(安全技术规范要求进行使用前首次检验的特种设备,应当提交使用前的首次检验报告)。

(5)机动车行驶证(适用于与机动车固定的移动式压力容器)、机动车登记证书(适用于与机动车固定的车用气瓶)。

(6)锅炉能效证明文件。

锅炉房内的分汽(水)缸随锅炉一同办理使用登记;锅炉与用热设备之间的连接管道总长小于或者等于 1 000 m 时,压力管道随锅炉一同办理使用登记;包含压力容器的撬装式承压设备系统或者机械设备系统中的压力管道可以随其压力容器一同办理使用登记。登记时另提交分汽(水)缸、压力管道元件的产品合格证(含产品数据表),但是不需要单独领取使用登记证。

没有产品数据表的特种设备,登记机关可以参照已有特种设备产品数据表的格式,制作其特种设备产品数据表,由使用单位根据产品出厂的相应资料填写。

可以采用网上申报系统进行使用登记。

3.4.1.2　按单位办理

使用单位申请办理特种设备使用登记时,应当向登记机关提交以下相应资料, 并且对其真实性负责:

(1)使用登记表(一式两份)。

(2)含有使用单位统一社会信用代码的证明。

(3)监督检验、定期检验证明(注 3-1)。

(4)《压力管道基本信息汇总表——工业管道》《气瓶基本信息汇总表》。

注 3-1:新投入使用的气瓶应当提供制造监督检验证明,进行定期检验的气瓶应当同时提供定期检验证明。压力管道应当提供安装监督检验证明,达到定期检验周期的压力管道还应当提供定期检验证明;未进行安装监督检验的,应当提供定期检验证明。

3.4.2　**受理**

登记机关收到使用单位提交的申请资料后,能够当场办理的,应当当场作出受理或者不予受理的书面决定;不能当场办理的,应当在 5 个工作日内作出受理或者不予受理的书面决定。申请资料不齐或者不符合规定时,应当一次性告知需要补正的全部内容。

3.4.3　**审查及发证**

自受理之日起 15 个工作日内,登记机关应当完成审查、发证或者出具不予登记的决定,对于一次申请登记数量超过 50 台或者按单位办理使用登记的可以延长至 20 个工作日。不予登记的,出具不予登记的决定,并且书面告知不予登记的理由。

登记机关对申请资料有疑问的,可以对特种设备进行现场核查。进行现场核查的,办理使用登记日期可以延长至 20 个工作日。

准予登记的特种设备,登记机关应当按照《特种设备使用登记证编号编制方法》编制使用登记证编号,签发使用登记证,并且在使用登记表最后一栏签署意见、盖章。

3.5　资料及信息

登记工作完成后,登记机关应当将特种设备基本信息录入特种设备管理信息系统,实施动态管理。

采用纸质申报方式进行使用登记的,登记机关应当将特种设备产品合格证及其产品数据表各复印一份,与使用登记表一同存档,并且将使用单位申请登记时提交的资料交还使用单位。

3.6　定期检验日期的确定

首次定期检验的日期和实施改造、拆卸移装后的定期检验日期,由使用单位根据安全技术规范、监督检验报告和使用情况确定。

3.7　单位登记的设备信息报送

以单位登记的特种设备使用单位应当及时更新气瓶、压力管道技术档案及相应数据,每年一季度将上年度的气瓶、压力管道基本信息汇总表和年度安全状况报送登记机关。

3.8 变更登记

按台(套)登记的特种设备改造、移装、变更使用单位或者使用单位更名、达到设计使用年限继续使用的,按单位登记的特种设备变更使用单位或者使用单位更名的,相关单位应当向登记机关申请变更登记。登记机关按照本规则3.8.1至3.8.5的规定办理变更登记。

办理特种设备变更登记时,如果特种设备产品数据表中的有关数据发生变化,使用单位应当重新填写产品数据表。变更登记后的特种设备,其设备代码保持不变。

3.8.1 改造变更

特种设备改造完成后,使用单位应当在投入使用前或者投入使用后30日内向登记机关提交原使用登记证、重新填写的使用登记表(一式两份)、改造质量证明资料以及改造监督检验证书(需要监督检验的),申请变更登记,领取新的使用登记证。登记机关应当在原使用登记证和原使用登记表上作注销标记。

3.8.2 移装变更

3.8.2.1 在登记机关行政区域内移装

在登记机关行政区域内移装的特种设备,使用单位应当在投入使用前向登记机关提交原使用登记证、重新填写的使用登记表(一式两份)和移装后的检验报告(拆卸移装的),申请变更登记,领取新的使用登记证。登记机关应当在原使用登记证和原使用登记表上作注销标记。

3.8.2.2 跨登记机关行政区域移装

(1)跨登记机关行政区域移装特种设备的,使用单位应当持原使用登记证和使用登记表向原登记机关申请办理注销;原登记机关应当注销使用登记证,并且在原使用登记证和原使用登记表上作注销标记,向使用单位签发《特种设备使用登记证变更证明》。

(2)移装完成后,使用单位应当在投入使用前,持《特种设备使用登记证变更证明》、标有注销标记的原使用登记表和移装后的检验报告(拆卸移装的),按照本规则3.4、3.5的规定向移装地登记机关重新申请使用登记。

3.8.3 单位变更

(1)特种设备需要变更使用单位的,原使用单位应当持原使用登记证、使用登记表和有效期内的定期检验报告到登记机关办理变更;或者产权单位凭产权证明文件,持原使用登记证、使用登记表和有效期内的定期检验报告到登记机关办理变更;登记机关应当在原使用登记证和原使用登记表上作注销标记,签发《特种设备使用登记证变更证明》。

(2)新使用单位应当在投入使用前或者投入使用后30日内,持《特种设备使用登记证变更证明》、标有注销标记的原使用登记表和有效期内的定期检验报告,按照本规则3.4、3.5要求重新办理使用登记。

3.8.4 更名变更

使用单位或者产权单位名称变更时,使用单位或者产权单位应当持原使用登记证、单位名称变更的证明资料,重新填写使用登记表(一式两份),到登记机关办理更名变更,换领新的使用登记证。2台以上批量变更的,可以简化处理。登记机关在原使用登记证和原使用登记表上作注销标记。

3.8.5　达到设计使用年限继续使用的变更

对达到设计使用年限继续使用的特种设备,使用单位应当持原使用登记证、按照本规则 2.14 的规定办理的相关证明材料,到登记机关申请变更登记。登记机关应当在原使用登记证右上方标注"超设计使用年限"字样。

3.8.6　不得申请办理移装变更、单位变更的情况

有下列情形之一的特种设备,不得申请办理移装变更、单位变更:

(1)已经报废或者国家明令淘汰的。

(2)进行过非法改造、修理的。

(3)无本规则 2.5 中(3)、(4)规定的技术资料的。

(4)达到设计使用年限的。

(5)检验结论为不合格或者能效测试结果不满足法规、标准要求的。

3.9　停用

特种设备拟停用 1 年以上的,使用单位应当采取有效的保护措施,并且设置停用标志,在停用后 30 日内填写《特种设备停用报废注销登记表》,告知登记机关。重新启用时,使用单位应当进行自行检查,到使用登记机关办理启用手续;超过定期检验有效期的,应当按照定期检验的有关要求进行检验。

3.10　报废

对存在严重事故隐患,无改造、修理价值的特种设备,或者达到安全技术规范规定的报废期限的,应当及时予以报废,产权单位应当采取必要措施消除该特种设备的使用功能。特种设备报废时,按台(套)登记的特种设备应当办理报废手续,填写《特种设备停用报废注销登记表》,向登记机关办理报废手续,并且将使用登记证交回登记机关。

非产权所有者的使用单位经产权单位授权办理特种设备报废注销手续时,需提供产权单位的书面委托或者授权文件。

使用单位和产权单位注销、倒闭、迁移或者失联,未办理特种设备注销手续的,登记机关可以采用公告的方式停用或者注销相关特种设备。

3.11　使用标志

(1)特种设备(车用气瓶除外)使用登记标志与定期检验标志合二为一,统一为《特种设备使用标志》;

(2)场(厂)内专用机动车辆的使用单位应当将车牌固定在车辆前后悬挂车牌的部位;

(3)移动式压力容器使用单位应当将该移动式压力容器的电子秘钥或者使用登记时发放的 IC 卡随车携带;

(4)车用气瓶应有使用标志。

4　附　则

4.1　其他要求

特种设备使用管理除满足本规则的要求外,还应当满足有关安全技术规范的专项要求。不涉及公共安全的个人(家庭)自用的特种设备不属于本规则管辖范围。

4.2　长输管道、公用管道使用管理

长输管道、公用管道使用管理的相关规定另行制定。

4.3　解释权限

本规则由国家质检总局负责解释。

4.4　施行时间

本规则自 2017 年 8 月 1 日起施行,以下安全技术规范同时废止:

(1)2005 年 9 月 16 日,国家质检总局颁布的《气瓶使用登记管理规则》(TSG R 5001—2005);

(2)2009 年 5 月 8 日,国家质检总局颁布的《电梯使用管理与维护保养规则》(TSG T 5001—2009);

(3)2009 年 8 月 31 日,国家质检总局颁布的《起重机械使用管理规则》(TSG Q 5001—2009);

(4)2009 年 8 月 31 日,国家质检总局颁布的《压力管道使用登记管理规则》(TSG D 5001—2009);

(5)2013 年 1 月 16 日,国家质检总局颁布的《压力容器使用管理规则》(TSG R 5002—2013);

(6)2014 年 9 月 5 日,国家质检总局颁布的《锅炉使用管理规则》(TSG G 5004—2014)。

参 考 文 献

［1］特种设备安全法编写委员会.中华人民共和国特种设备安全法［M］.北京:中国质检出版社,2013.

［2］中华人民共和国安全生产法编写委员会.中华人民共和国安全生产法［M］.北京:法律出版社,2020.

［3］中华人民共和国突发事件应对法编写委员会.中华人民共和国突发事件应对法［M］.北京:法律出版社,2007.

［4］特种设备安全监察条例编写委员会.中华人民共和国特种设备安全监察条例［M］.北京:中国法制出版社,2009.

［5］锅炉安全技术规程编写委员会.锅炉安全技术规程［M］.北京:新华出版社,2020.

［6］固定式压力容器安全技术监察规程编写委员会.固定式压力容器安全技术监察规程［M］.北京:新华出版社,2015.

［7］压力管道安全技术监察规程编写委员会.压力管道安全技术监察规程——工业管道［M］.北京:新华出版社,2009.

［8］特种设备使用管理规则编写委员会.特种设备使用管理规则［M］.北京:新华出版社,2017.

［9］党林贵,沈钢,陈国喜,等.工业锅炉设备与检验［M］.郑州:河南科技出版社,2019.

［10］沈功田,贾国栋,钱剑雄.特种设备安全与节能2025科技发展战略［M］.北京:中国质检出版社,2017.